当代室内设计中美学原理的应用研究

李 丹 余运正 著

NORTHEAST NORMAL UNIVERSITY PRESS
WWW.NENUP.COM

东北师范大学出版社

图书在版编目 (CIP)数据

当代室内设计中美学原理的应用研究 / 李丹，余运
正著．-- 长春 ： 东北师范大学出版社， 2019.12
ISBN 978-7-5681-5702-5

Ⅰ．①当… Ⅱ．①李… ②余… Ⅲ．①室内装饰设计
－艺术美学－研究 Ⅳ．① TU238.2

中国版本图书馆CIP数据核字 (2019) 第 294992 号

□策划编辑: 刘兆辉

□责任编辑: 卢永康　　　□封面设计: 优盛文化

□责任校对: 肖茜茜　　　□责任印制: 张允豪

东北师范大学出版社出版发行
长春市净月经济开发区金宝街 118 号(邮政编码: 130117)
销售热线: 0431-84568036
传真: 0431-84568036
网址: http://www.nenup.com
电子函件: sdcbs@mail.jl.cn
三河市华晨印务有限公司印装
2019 年 12 月第 1 版　 2019 年 12 月第 1 次印刷
幅面尺寸: 170mm×240mm 　印张: 15.75　字数: 300 千

定价: 59.00 元

前　言

从人类早期居住的洞穴，到现代社会温馨舒适的室内空间，室内环境和功能深深影响着人们的物质生活和精神生活。室内设计艺术是技术与艺术的统一体。室内设计风格是不同时期技术美的真实反映。

现代室内设计作为一门新兴学科设立仅有数十年，但从人类文明伊始人们就有意识地对自己的生活、生产活动的室内空间进行美化装饰，营造良好的室内空间环境。人大部分时间是在室内度过的，室内空间的环境必然直接关系到人们的生活质量，关系到人们的安全、健康、效率、舒适度等。因此，室内设计应以人为本，设计者始终需要把人对室内环境的物质需求和精神需求放在设计的首位。

室内设计是一门建立在现代环境科学研究基础之上的新兴学科，涉及人文社会环境、自然环境、人工环境的规划与设计。室内设计教育是一种价值观的教育，更是一种传承历史、创造新文化的途径和手段。本书采用理论结合实际的方法，主要研究了室内设计的基础知识、常见空间类型、室内设计的基本方法、室内设计的基本原理和应用技术、当代室内设计中空间色彩表达的视觉形式美学、当代室内设计中的技术美学原理应用以及当代室内设计中技术美学的发展趋势等，以期对室内设计的学习者和研究者提供参考和借鉴。

目 录

第一章　室内设计基础知识

第一节　室内设计的内容概述

一、室内设计的目标

（一）室内设计与建筑设计

室内设计将室内环境的多种功能完美结合，营造一种良好的氛围。室内设计的目标是对建筑物室内空间使用功能的细化和调整、空间整体的完善和改造，以及对室内环境的美化，最终创造出舒适、安全、美观的室内环境。

建筑设计的目的是为人提供一个有效的使用空间，通过方案设计、规划、施工，最终建成可以充分满足使用者各种需求的建筑物。

建筑设计和室内设计只有互相配合才能创造出适合人类生活、工作的场所。如果说建筑设计是方案构建，那么室内设计就是建筑设计的延伸、完善与再创造。

（二）室内装饰与装修

室内装饰与装修是对建筑物的修饰、美化和对室内空间的再设计和再创造，其主要是对建筑基体、基层以及细部进行修饰处理，根据室内外空间的功能、特性以及使用对象的需求等对建筑空间进行精细化、美观化的包装修饰。

二、室内设计的内容和相关因素

（一）室内空间组织和界面处理

进行室内设计空间组织需要充分而透彻地理解原有建筑的设计意向，对建筑物总体布局、功能使用、结构体系等进行深入研究。

设计时在遵循人体工程学基本原则的前提下，重新诠释尺度和比例关系，将空间进行合理规划和人性化处理，最终给人以美的感受。

（二）室内光照、色彩设计和材质选用

室内光照除了能够满足人们日常工作和生活的照明要求外，光照效果还能起到烘托室内环境气氛的作用。室内色彩往往是令人印象最深刻的元素，可以形成丰富多变的视觉感受。室内色彩设计需要先根据建筑物的风格、室内功能等确定主色调，再选择适当的色彩进行搭配。

室内空间中的形、色最终必须和所选材质保持协调、统一。室内空间中不可缺少的建筑构件，如柱、墙面等，结合其功能并运用各种材料加以装饰，可共同构成舒适、优美的室内环境。在光照下，室内形、色、质融为一体，形成空间整体美的视觉效果。

（三）室内陈设设计手段

在室内环境中，实用和装饰应当互相协调，陈设、家具、绿化等室内设计的内容独立于室内的界面营造。

室内陈设设计、家具和绿化配置主要是为了满足室内空间的功能、提高室内空间的质量，是现代设计中极为重要的部分。

三、室内设计的依据

（一）人体活动的尺度和范围

根据人体活动的尺度可以测定人体在室内完成各种活动的空间范围，窗台、栏杆的高度，门扇的高度和宽度，梯级的高度和宽度及其间隔距离以及室内净高等基本数据。

（二）陈设设计的尺度和范围

室内空间还有家具、灯具、空调、排风机、热水器等设备以及陈设摆件等物品。有些室内绿化等所占空间尺寸也是组织、分隔室内空间必须考虑的因素。

对于灯具、空调等设备，除考虑安装时必需的空间范围外，还要注意对此类设备的管网、线缆等的整体布局，设计时应尽可能考虑在设备接口处予以对接与协调。

（三）装饰材料和施工工艺

在开始设计时就必须考虑到装饰材料的选择，从设计到实施，必须运用可供选用的装饰材料，因此必须考虑这些材质的属性以及实施效果，采用切实可行的施工工艺，以保证室内设计工程顺利实施。

（四）投资限额、建设标准和施工期限

投资限额与建设标准是室内设计中十分重要的依据。此外，设计任务书，相关消防、环保、卫生防疫等规范和定额标准都是室内设计的重要依据。合理、明确、具体的施工期限也是室内设计工程顺利推进的重要前提。

四、室内设计的要求

室内设计主要有以下几大要求。

（1）合理的平面布局和空间组织。

（2）优美的空间结构和界面处理。

（3）符合设计规范。

（4）节能、环保、充分利用空间。

五、室内设计的特点

室内设计必须充分考虑人在空间中的行为方式、心理需求、功能要求、实施技术的可行性、艺术风格的匹配性等诸多因素。

（一）对人们生理和心理的影响更为直接

人的大部分时间在室内空间中度过，因此室内环境质量必然直接影响到人在室内的安全、舒适程度和工作效率。

（二）对室内环境的构成因素考虑更加缜密

对于空间的采光与照明、色调和色彩配置、材料质地、室内温度和相对湿度、空气流通、噪声背景和室内隔声与吸声等，室内设计时都要有周密的考虑。在现代室内设计中，这些因素都要有定量的标准。

（三）室内功能、材料与设备的变化与更替

在对室内空间进行设计时，应考虑到随时间变迁引起的平面布局、施工方法、选用材料等的变化问题。

六、室内设计的原则

室内设计师的工作主要是让室内空间功能合理，符合美学标准，同时要在项目经济预算范围内完成，要做到这些并不是件容易的事。因此，设计师应该遵循以下基本原则。

（一）整体性原则

在对一个空间进行改造或设计时，室内设计师往往需要和不同专业人员合作才能做出最后决定。与各种专业人员的交流与合作是室内设计作品成功的基石。另外，要合理运用材料、色彩、照明、家具与陈设等各种设计语言，创造出既实用又美观的空间。

（二）实用性原则

室内设计实用性原则主要体现在功能上，一个空间的使用功能满足使用者的生活、工作需要非常重要。即使装饰得再漂亮，如果不适合使用者，也不算成功。所以，好的室内设计最终提供的是适合使用者的实用空间。

（三）经济性原则

经济性原则体现在设计初期限制施工成本上。同时，考虑经济性也应结合生态环境因素，设计师不能为控制成本而选用一些可能危害人们身体健康的材料或破坏环境的材料。

（四）色彩性原则

色彩在室内设计中起着改变或者创造某种格调的作用，室内设计中的色彩设

计必须遵循基本的设计原则，只有将色彩与整个室内空间环境设计紧密结合，才能获得理想的效果。

（五）环保性原则

室内装饰装修设计中所用建筑材料大部分不可再生，所以设计中应该遵循节能原则，合理规划分配资源，实现可持续发展。选用材料时应该以绿色、健康、环保材料为主，兼顾美观和实用性，倡导简约设计风格，将审美性与功能性相统一，提高居住舒适感。

七、室内设计的发展概况

（一）室内设计学科的发展历程

20世纪以前，专门的职业化室内装饰或独立的室内设计是不存在的，建筑内部空间的设计布置大多由建筑师、建筑工匠、家具商以及房主等完成。1924年，迈克米兰成立了第一个职业化的、能提供当时最全面专业技术服务的室内装饰公司。到了20世纪30年代，室内装饰已成为一个正式的、相对独立的专业类别。1931年，美国室内装饰者学会成立，即美国室内规划师学会的前身，此时室内设计作为一门独立学科已初见端倪。

20世纪50年代，室内设计已经与主要局限于艺术范畴的室内装饰有所区别，"室内设计师"的称号开始被社会大众所接受。同时，社会的需求大大促进了室内设计的发展。一方面，随着建筑物规模的不断扩大和复杂程度的提高，建筑师越来越难以顾及室内空间的细部设计；另一方面，由于人们对城市景观的重视，建筑师开始更多地关注建筑与外部环境以及地域文化等方面的联系，而对内部空间的处理有所忽视。

此外，产业结构的调整和频繁的功能变换产生了大量改造项目这些改造项目仅靠表面的装饰一般无法完成，需要一些既具有工程技术能力，又具有艺术美学素养的复合型人才来承担。1957年，美国室内设计师学会正式成立，标志着这门学科的相对成熟。

在我国，1957年中央工艺美术学院成立了室内装饰系，开始培养室内设计行业专业人才。自改革开放以来，随着经济的不断发展，室内设计和建筑装饰行业有了蓬勃发展。1990年前后，我国先后成立了中国建筑装饰协会和中国室内建筑师学会，许多院校相继开设了室内设计专业。如今，中国建筑装饰行业已经与土木工程建筑行业、线路管道和设备安装行业并列成为中国建筑业的三大组成部分。

室内设计作为一门独立学科的发展历程相对短暂，但居住的历史自有人类活动以来就已开始。人类的居住意识是室内设计的根源，同时在很大程度上影响了现代室内设计活动的走向。

（二）中国传统室内环境的演化及其特征

室内设计的演化与两大因素有关：一是地理因素，包括地形、地貌、水文、气候等；二是文化因素，包括政治、经济、技术、宗教和风俗习惯等。在上述两大因素中，影响中国传统室内设计演化的原因大致可归纳为三个方面：一是中国面积大，边缘环境相对恶劣，社会发展偏于闭塞；二是古代中国重农抑商，这种经济及其相应的宗法制度直接影响着建筑和室内空间的形式；三是儒家思想影响广泛，儒家所倡导的伦理道德观念渗透到了包括建筑在内的文化领域。在上述三点中，第一点是地理环境基础，第二点是经济基础，第三点是思想基础，它们从总体上决定了中国传统建筑室内设计的大方向，使中国传统建筑的室内设计一直表现出鲜明的地方性和民族性。

1.夏、商、周及春秋战国时期

在夏、商与西周的建筑中，为保护垒土墙和土坯墙并取得平整的墙面，经常采用涂墁做法。此类建筑是对原始时期木骨泥墙的继承，但在材料和技术上又有了新的发展。凤雏村的发掘证明了这一点：其地面和墙面都用掺着沙子的细泥和白灰涂饰过。涂墁之余，不少建筑的墙面还以彩绘进行美化。宁夏原州区发现了一所属于齐家文化的房屋，其墙面有一块几何纹壁画，属于夏代残迹。另外，殷墟的一些宫殿中也有壁画残迹。

除涂墁墙面外，也有涂地面。《尔雅》记"地谓之黝"，说明一般人家的地面为黑色，段注"然则惟天子以赤饰堂上而已"，表示只有天子才能涂红色。木构件有彩绘的，也有雕刻的，西周时期已能使用多种颜色，但不同时期有着不同爱好，据《考工记》记载"夏尚黑，商尚白，周尚赤"。

夏朝为我国历史上第一个有阶级差别的奴隶制国家，当时人们已经知道用颜料涂抹家具，初步掌握了漆器工艺，并且开始运用雕刻手段来美化家具。陵墓中发现的随葬品表明当时宫室内部的陈设十分漂亮。

春秋战国继承了前代的建筑技术，并在砖瓦以及木结构的装修上又有新的发展。随着制砖、制瓦技术水平的提高，出现了专门用于铺地的花纹砖，燕下都遗址出土的花纹砖有双龙、回纹、蝉纹等。木结构的装饰形式逐渐丰富，贵族士大夫们的宫室"丹楹刻桷""山节藻棁""设色施章""美轮美奂"，极尽彩绘装修之能事，此时的彩饰已经不是简单的平涂了。战国时期，宫室殿宇的门楣，刻镂绮文、朱丹漆画，已是非常华美亮丽。

春秋战国时期铁制工具的出现大大促进了家具的发展，此时人们已经掌握了木材干燥和涂胶技术，还创造了许多榫卯形式。青铜工具逐渐为铁器所代替，铁斧、铁锯、铁凿、铁刨等工具的应用为家具的设计和制作创造了良好的条件。另外，建筑构架中的燕尾榫、凹凸榫、格肩榫工艺也用于家具制作中，木制家具表面漆绘的工艺也达到相当高的水平。由于这一时期是我国家具的形成期，当时的生活方式仍然是跪坐式，故家具的总体特点是造型古朴、用料粗硕、漆饰单纯而又粗犷。

2. 秦汉时期

秦汉宫殿的墙壁大都是利用夯土和土坯制成的，中间有壁柱，其表面先用掺有禾茎的粗泥打底，再用掺有米糠的细泥抹面，最后以白灰涂刷。但是，也有一种特殊的做法，即以椒涂壁，多用于后宫，取椒多子之意，进而将这种宫室称为"椒宫"。此外，还有一种彩色壁面，东汉洛阳灵台两层壁面在刷白后，又于东、西、南、北四个方向分别涂上青、白、红、黑四种颜色，使其符合四方四色之意。

秦汉时期地面多用铺地砖，铺地砖以方形居多，上有花纹，河南密县（今河南新密市）等地出土了不少这样的铺地砖，还有用黑、红两色漆地的做法。毛毯在西北少数民族中使用极为普遍，用法和席一样，很像今日的地毯。秦汉时期也有铺地毯的，但主要是在宫殿内。

用色彩装饰木构件的做法早已有之，但比较正规的藻井彩画始出于秦汉，藻井多画荷等水生植物，用于顶界面的重点部位，如宫殿中帝王宝座的顶部、寺庙中神像佛龛的顶部等，其如同突然高起的伞盖，突出于空间构图的中心，以渲染庄严、神圣的气氛。秦汉时期的藻井彩画虽然不复杂，但是作为一种比较高级的装修形式，通常用于祠堂、庙宇、陵墓和宫殿。

秦汉时期壁画大量出现，不仅用于宫殿、庙堂，还普及至贵族居室、宦吏宿舍、学堂和陵墓。综观秦汉壁画，可归纳出以下几个特点。

（1）壁画已成为室内装修的一部分，或画于某一面墙，或画于四面墙；或画于藻井上，与界面紧密结合。

（2）壁画不是纯艺术表现，而是教育的工具，具有明显的宣教功能。

（3）壁画以现实题材为主，主要采用写实画法。

画像石是以刀代笔在石板上雕刻，常用于建筑空间装饰，通常为线刻，也有浮雕式，是一种半画半雕的装饰。画像石的载体是砖，上面的纹样是模印和拓印出来的，画像石和画像砖比一般壁画耐用，用其装饰陵墓具有永生的意义，但也有用于祠堂、寺庙的。

3. 魏晋南北朝时期

魏晋南北朝时，许多木结构的表面绘有绚丽多姿的彩画，《邺中记》中就有关于北齐邺都朝阳殿"梁栿间刻出奇禽异兽，或蹲或踞，或腾逐往来"的记载。

这一时期的室内装修主要体现在墙面的壁画上。魏晋南北朝继承和发扬了汉代的绘画艺术，呈现出丰富多彩的面貌，并逐渐形成一门独立的艺术门类。壁画继续发挥着教育作用，成为具有审美价值的艺术品。其绘画题材多样，但肖像画尤受重视，有"悟对通神""览之若面"的要求，实际上这是士大夫阶层想在绘画中进行自我表现的一种体现。

魏晋南北朝是一个政治上很不稳定，国家长期处于分裂状态的时期。室内装修之所以能有所发展，主要有三个原因：一是当时的手工业者已有一定的独立性和自由度；二是动荡的社会在一定程度上促进了民族和区域间的文化交流；三是佛教和外域文化的影响。

魏晋南北朝时，印度僧人和西域工匠纷纷来到中原，他们带来了融希腊、波斯风格为一体的犍陀罗艺术，对中国的家具和其他艺术门类都有较大的影响。

在各民族之间频繁进行交流沟通的背景下，魏晋南北朝时的家具高度开始升高，虽然仍保留席坐的习俗，但是坐具高度有所提高。另外，床也有所增高，下部用壸门作为装饰。这些新家具对当时人们的起居习惯和室内的空间处理产生了一定影响，成为后来废止床榻和席地而坐习俗的前奏。

4. 隋唐时期

隋唐建筑的墙壁多为砖砌，宫殿、陵墓尤其如此，已经发掘的唐永泰公主墓的甬道和墓室就用砖砌筑，木柱、木板常涂朱红，土墙、篱笆墙及砖墙常抹草并涂白，故自魏晋起就有"白壁丹楹"和"朱柱素壁"的记载。地面多用铺地砖，有素砖、花砖两类，花砖的花纹以莲花为主。顶棚的做法也有两种：一种是"露明"法，另一种是"天花"法。露明做法到了宋代被称为"彻上明造"，即将"上架"的枋、椽等直接暴露于室内，将屋顶的空间纳入室内空间，不另外做顶棚，其好处是方法简单，室内空间高敞，故常用于古代建筑以及后来的次要建筑。天花做法分三种：第一种是软性天花，即用秸秆扎架，其上糊纸，多用于一般的住宅，讲究一点的，可以木条为料，贴梁组成骨架，再在其上糊纸，称"海墁天花"，这种做法表面平整，色调淡雅，明亮亲切，多用于大型宅第和宫室；第二种是硬性天花，也称"井口天花"，做法是用天花梁枋和枝条组成井字形框架，在其上钉板，并在板上彩绘图案，或进行精美的雕饰，这种天花形式隆重、端庄，故多用于宫殿等较大空间；第三种是藻井，藻井主要用于天花的重点部位，如宫殿、坛庙的中央，特别是帝王宝座和神像佛龛的顶部等，藻井是天花中最高级的做法。

从广义上说，隋唐壁画也属界面装修，但它是一种十分特殊的装修，因为此种壁画的主要意义不像一般涂饰那样是为了保护界面少受物理化学因素的损害，甚至也不是为了界面更美观，而是以其特定的内容来传达某种主题，达到宣传教化的目的。隋唐壁画在中国艺术史上占有重要的地位，隋唐时期为我国壁画发展的黄金时代。

5. 五代宋元时期

五代和宋代的建筑包括许多比较大的殿堂，通常不做吊顶，而是将梁架暴露在外，以表现梁架的结构美。这种做法在《营造法式》中被称为"彻上露明造"。另也有做吊顶者，称"天花"，虽然遮挡了梁架，但能使空间显得更加整齐和完美。

五代宋元时期，建筑立面的柱子造型除有圆形、方形、八角形之外，还出现了瓜楞柱，并且大量使用石造，在柱的表面经常镂刻各种花纹，柱础的形式在前代覆盆莲瓣式的基础上趋于多样化。建筑上大量使用可开启的、棂条组合极为丰富的门窗，有较强的装饰效果。门窗棂格的纹样有构图富丽的三角纹、古钱纹等。这些门窗改变了建筑的外貌，改善了室内的通风和采光。

这一时期彩画的应用范围相当广泛，梁、枋、椽、斗拱、柱子上等都有涂抹彩画。与唐代彩画相比，宋代彩画有如下几个特点：从部位上看，以阑额为主，有些斗拱上也有彩画，而其前的柱子上也有彩画；从纹样上看，以花卉和几何纹为主，花卉接近写生画，这可能与宋代花鸟画盛行有关；从色彩上看，以青绿为主调，不似以前多用红黄等暖色；从构图上看，布局更显自由，相同的图案用于不同的部位，同一个部位又可使用不同的图案；从技法上看，叠晕法、对晕法已被普遍应用。

雕刻技术成熟于唐代，至宋代已广泛用于室内外，室内的石雕多为柱础和须弥座，木雕是中国传统建筑中常用的装饰。从《营造法式》中可以看出，宋代时木雕已有线刻、平雕、浅浮、高雕和圆雕等多种。

相对而言，元代的建筑和室内装饰具有一种游牧民族的风情。元代建筑的地面有青砖的、瓷砖的和大理石的，但更多的是铺地毯。建筑的墙面、柱面以云石、琉璃装饰，还常常包以织物，甚至饰以金银和金箔。建筑的天花常常张挂织物，这在之前是较少见到的。元代建筑崇尚白色，以白为吉，这在《蒙兀儿史记》中有记载。元代宫殿装修豪华富丽，诸多陈设构思奇巧，许多工艺品装饰直接出自外国匠师之手。

6. 明清时期

明清建筑有"大式"与"小式"之分。大式建筑一般指有斗拱的高级建筑，小式建筑指没有斗拱的一般建筑。明清时期建筑等级森严，不同类型、不同级别的建筑，其室内装修、装饰是大不相同的。比如，大式建筑的顶棚就有几种做法：一为井口天花，即在方木条架成的方格内设置天花板，在天花板上绘彩画、施木雕，或用裱糊的方法贴彩画；二为藻井，有斗四、斗八和圆形多种，多用于宫殿、庙宇的御座和佛坛上；三为海墁天花，又称"软天花"，其做法是先在方木条架构的格构下面满糊苎布、棉榜纸或绢，再在其上绘制井口天花的图案；四为纸顶，简易的大式建筑可在方木条格构的下面直接裱糊呈文纸，作为底层，再在其上裱糊大白纸或银花纸，作为面层。一些造型比较自由的廊轩可以不做吊顶。

明清时期的油漆工艺得到了较大的发展，人们在木构件表面涂油漆，既保护木材，又起到了很好的装饰作用。在此基础上，明清彩画也有了进一步的发展，常见的有和玺彩画、旋子彩画和苏式彩画。和玺彩画主要用于宫殿以及坛庙的主殿、堂、门，它属彩画中的最高等级。旋子彩画次于和玺彩画，应用范围较广，主要特点是在藻头内使用带涡纹的花瓣。苏式彩画大多用于住宅和园林中，苏式彩画与前两种彩画不同，是利用写实的手法，描绘人物故事、山水风景、博古器物等。

明清时期，建筑的门窗是内外装修的重要内容。门主要有两种类型：板门和隔扇门。板门一般用于建筑大门，由边框、上下槛、横格和门心板组成，门框上有走马板，门框左右有余塞板。隔扇门一般用作建筑的外门或内部隔断，隔扇大致可分花心和裙板两部分，是装饰的重点所在。另外，隔扇也可以去掉下面的裙板部分作为窗，称为"隔扇窗"，在立面效果上能与隔扇门一起取得整齐协调的艺术效果。花心也即隔心，形式丰富多样，是形成门的不同风格的重要因素。花心有直棂、方格、柳条式、变井字、步步锦、灯笼框、龟背锦、冰纹、菱花等样式。裙板一般为雕刻，图案复杂多样。

这一时期建筑的室内墙面可以是清水的，即表面不抹灰，但更多的是在隔墙上抹以白灰，并保持白灰的白色。内墙面可以裱糊，小式建筑常用大白纸，称"四白落地"；大式建筑或比较讲究的小式建筑可糊银花纸，有"满室银花，四壁生辉"的意义。此外，有些等级较高的建筑，特别是高级住宅，可在内墙下部做护墙板，一般做法是在木板表面木雕、刷油。

在室内，砖雕、石雕主要用于神坛的须弥座和柱基，明清石雕柱基式样丰富，远远超出《营造法式》的规定，不仅民间建筑如此，就连官式建筑也选用了多种多样的造型和花饰。木雕在明清时期产生了五大流派，即黄杨木雕、硬木雕、龙眼木雕、金木雕和东阳木雕，其中硬木雕多用红木、花梨、紫檀等名贵木材，因质地坚硬、纹理清晰、沉着稳重而受人们的青睐。

（三）外国古典室内环境的演化及其特征

这里所说的"外国"主要指欧洲以及一些古代文明发源地区，其所涉及的范围广、影响大，就室内环境而言，具有一定的代表性。欧洲国家居住环境的美感创造具有很强的地域特征，室内环境的演化体系也相对完整。

1. 古代时期

（1）古代两河流域。两河流域的南部是一片河沙冲积地，因此缺乏建筑使用的石料，苏美尔人用黏土制成砖坯，作为主要的建筑材料，由于当地多雨，为了保护土坯墙免受侵蚀，一些重要建筑的底部在土坯还湿软时就嵌入长约 12 cm 的圆锥形陶钉，陶钉紧挨在一起。与此同时，底部涂上红、白、黑三种颜色，组成图案，起初为编织纹样，后产生花朵形、动物形等多种样式，再后来彩色陶钉又被各色石片和贝壳所代替。这一做法一方面用以防水，另一方面使建筑空间产生了独特的装饰效果。

巴比伦和亚述时期，室内环境装修的主要代表是王宫，亚述王宫用大量的石板浮雕进行装饰，每一座王宫都有高达 200 ～ 300 cm 的浮雕镶嵌在宫殿内部的墙面上，构成极为壮观的室内装饰风格。

大约在公元前 3000 年，两河流域的劳动人民在生产砖的过程中发明了琉璃，其防水性能好，色泽鲜艳，并且不像石片和贝壳那样依靠采集，因而很快成为该地区最重要的饰面材料。至新巴比伦时期，琉璃砖被大量应用在建筑装饰上，施工工艺也达到了很高水平。

（2）古代埃及。古埃及时期，庙宇的空间、墙壁和柱子比例关系的确定已经应用了复杂的几何原理，同时带有神秘的象征意义。受美学观念的影响，简单的双向对称已成为古埃及人的建筑审美理念。在室内装饰上，古埃及人喜欢使用各种纹样对墙壁、柱面等处进行精细雕刻，有的壁面甚至被雕刻所布满。古埃及人喜欢运用强烈的色彩，颜色大多为明快的原色，如室内的顶棚通常涂以深蓝色，表示夜晚的天空。

（3）古代希腊。古希腊神话是古希腊艺术的土壤，它带来的一个重要的美学观点即人体是最美的。另外，古希腊的美学观念还受到自然科学和理性思维的影响，亚里士多德曾说："美是由度量和秩序所组成的。"他认为人体的美是由和谐的数的原则统辖着，当事物的和谐与人体的和谐相统一时，就会产生美感。

希腊的神庙是从爱琴时代的正厅建筑发展而来，原来正厅是作为宫殿的大殿，作为民主社会的一种要求，它逐渐发展为神的宫殿。木构神庙现已不存在，但它们的特点仍然可以在后来的石构神庙中得到体现。

（4）古代罗马。古罗马的设计艺术在很大程度上吸收了希腊的建筑经验，但罗马人不像希腊人那样富于想象，他们的艺术也没有希腊艺术那样具有浪漫主义色彩，而是具有写实和叙事性的特征。同时，罗马艺术也不像希腊艺术那种单纯，其渊源复杂，既受到伊达拉里亚文明的影响，又吸收了希腊、埃及、两河流域地区的文化因素。罗马人的审美倾向归纳起来有几点：一是强调现实意义，注重功利；二是强调个性、写实；三是注重公共实用和个人实用，关注现实生活；四是注重性格和情感表达，追求宏大、华丽。

古罗马现存的家具和室内陈设普遍是由一些不易燃烧的材料构筑而成的，如石头的躺椅和桌子。罗马建筑室内墙面的下部建筑线脚和壁柱的细部一般涂有颜色，形成墙裙；墙面上部用固体颜料和天然染料制作壁画；地面上也出现了一些装饰细部等，室内色调以黑色和朱红色为主。

2. 中世纪时期

中世纪，基督教对人们的社会生活方式和意识形态的影响是决定性的，各种艺术形式均不可避免地带有浓厚的宗教色彩，建筑和室内空间形态也不例外。然而，古希腊和古罗马根深蒂固的文化传统也不会在一朝一夕间被基督教文化颠覆，这是一个漫长的相互融合的过程。因此，中世纪的室内空间装饰也和其他艺术形态一样，具有在东方文化、古希腊和古罗马传统文化的基础上融合而成的基督教文化的艺术内涵。

（1）基督教、拜占庭风格。巴西利卡是这一时期最为典型的建筑形式，早期墙面用石砌，通常是色彩丰富的大理石，屋顶由大型木构件覆盖，中厅上部的墙体由密集排布的柱子所承托的过梁或拱券来支撑，呈线性排列的柱子将中厅和侧廊划分为两个不同的区域。柱子常以罗马柱式为基础，一般为科林斯柱式，有时也用爱奥尼柱式，柱子上部的墙面和天顶大多绘有阐述宗教内容的壁画或马赛克镶嵌画，地面常用色彩强烈的石头铺砌出几何图案。

5—6世纪，随着教会的变化，东正教不再像天主教那样注重圣坛上的神秘仪式，而是宣扬信徒之间亲密的关系，集中式的教堂逐渐增多，这大大推动了新的建筑结构形式的产生，尤其是穹顶和帆拱的出现。为了平衡穹顶在各个方向的侧推力，古罗马人采用了比较厚的墙体，而拜占庭的建筑师对此又有了新的创造，他们在四面对着帆拱下的大发券砌筑筒形拱来抵制这种侧推力，筒形拱的下面两侧再做发券，靠里一端的券脚落在承托中央穹顶的支柱上，使建筑外墙完全不受侧推力的影响。内部只有承受穹顶的四个支柱，室内空间和立面处理变得灵活多样。受到这种结构形式的影响，教堂中央的穹顶和四面的筒形拱形成了十字形的教堂。

与拜占庭教堂同时出现的世俗性建筑现仅留下一些废墟，因此很难得到准确的资料，但从一些零散的遗存中我们还是可以看到，当时的椅子和桌子大部分是希腊、罗马的样式，其中一些已由曲线形转变成直线形。另外，拜占庭教堂中所呈现出来的东方式装饰风格也对家具产生了比较大的影响，木材、金属、象牙、宝石、玻璃等成为其主要的装饰材料。

（2）加洛林王朝的罗马风。中世纪早期，一般农民的居住环境极为简陋，基本形式是方盒子形的屋子，覆盖着一个坡顶，屋内较暗。墙面通常用石头砌成，屋顶为木构，上面再铺上成捆的稻草。室内几乎没有家具，石砌的壁炉承担着取暖和做饭的双重功能，是整个室内空间的重心所在。

城镇的住宅大多有好几层，采用木楼板、木楼梯或石楼梯进行上下空间的衔接，有时上层的楼面还向外挑出，以获得额外的内部空间。房子的前后留有一定的空地，可以改善住房的通风和日照。就室内环境而言，城镇的房子和乡下的农舍大同小异，只是多了一些斜向支撑的比较沉重的木构架。

（3）哥特风格。哥特式教堂是中世纪建筑成就的最高体现。教会力图将教堂的空间处理与神学原理相结合，造就了独特的哥特式教堂的室内空间形态。哥特式教堂的中厅大都不宽，但很长，而且空间逐渐增高，在狭长窄高的空间中，整齐排列的柱子将人们的视线直接引向圣坛。拱顶上的骨架券在垂直的支撑结构上集成一束，从柱头上散射出来，具有很强的升腾动势。裸露着的骨架在室内形成的垂直线条与箭矢状的尖券形成强烈的向上感。

建筑结构技术的发展使哥特式教堂的墙面承重减少，窗户面积扩大，并使其成为建筑中最具表现力的装饰部位。受拜占庭教堂玻璃马赛克的启发，工匠们用含有各种杂质的彩色玻璃镶嵌在整个窗子上，阳光照耀时，整个教堂内部五彩缤纷、光彩夺目。此外，哥特式教堂的整个室内空间裸露着近似框架式的结构体系，窗子占据了支柱之间的面积，而支柱又完全由垂直线条组成，几乎没有墙面，雕刻、壁画之类的装饰则无处不在。

中世纪晚期，一些富人的住宅相当舒适、宽敞，住宅由一群多层建筑组成，围成一个院子，带有楼梯塔、连拱廊、两坡顶以及造型别致的老虎窗，类似一座城堡。室内满是雕刻精美的门道、壁炉框以及色彩绚烂的绘画木顶棚。

在德国、瑞士、英国的一些地区，木刻成为高度发展的手工艺和艺术表现形式。垂直式哥特建筑的室内包含有墙裙板或整个墙表面都覆盖着嵌板。中世纪建筑中的生活区域（如地窖、厨房、服务室）一般按照严格的功能要求设计。地面用石头铺砌，墙面裸露，开在墙面上的窗户顶部大都饰有哥特尖券。玻璃使用更为普遍，窗户面积逐渐增加。在这些房屋中，斜向支撑与其他结构构件、木顶棚梁等一起形成了中世纪室内环境的主要特征。

3. 文艺复兴时期

文艺复兴是 14—16 世纪西欧与中欧国家在文化思想方面全面发展的时期。这一时期，欧洲的许多国家日益强大，宗教思想和行为方式也都发生了很大变化，其变化的思想基础就是关心人、尊重人、以人为本的世界观。此世界观的出现不仅动摇了中世纪的社会基础，还确立了个人的价值，肯定了现实生活的积极意义，促进了世俗文化的发展，形成了与宗教神权文化相对立的思想体系——人文主义。

在这种思想观念的引导下，人类逐渐摆脱了以宗教崇拜为特征的建筑空间的营造方式，转而关注人本身对空间的舒适性感知，带来了一些专门针对室内空间的营造手段，即今天所谓的室内设计的内容。受文艺复兴人文思想的影响，这一时期的室内装饰、布置、家具和陈设非常丰富多样。

文艺复兴时期，宫殿、城楼、宅邸、剧场、图书馆等建筑开始兴盛。这些建筑大量采用古希腊、古罗马建筑的各种柱式造型，并且融合了拜占庭和阿拉伯建筑的结构形式。此时，室内空间设计越来越受到重视，对称作为一种装饰概念被普遍采用，同时线脚和带状细部大多采用了古罗马范例。墙面平整简洁，色彩常呈中性。在装饰讲究的室内，墙面覆盖着壁画，顶棚梁或隔板常涂有绚丽的色彩。另外，地砖、陶面砖或大理石的地面布置成方格状图案或比较复杂的几何形图案。壁炉作为唯一的热源，装饰着壁炉框，其中有些是巨大的雕像装饰。家具的使用比中世纪广泛，垫子用于椅子和长凳上，雕刻、装饰和嵌花的使用则是根据主人的财富与品位决定的。

以石头砌筑墙体和拱形顶棚的教堂，室内是禁用色彩的。壁画采用祭坛式壁画，三联一组或带框壁画形式。文艺复兴时期的室内装饰，无论民居还是宗教建筑，其设计趋向都是从相对简单的形式发展成日益复杂烦琐的风格。

4. 欧洲 17、18 世纪

进入 17、18 世纪，文艺复兴的影响依然在欧洲蔓延，但室内设计得到了进一步的发展。如果说此前的室内空间是由建筑形体直接生成的产物，其内涵通常是由建筑建造的结构方式和工艺水平所决定的，那么此时的室内装饰设计几乎可以作为一个独立体系存在了。

（1）意大利的巴洛克。巴洛克艺术的特点如下：一是非常豪华，享乐主义的色彩很浓；二是一种激情的艺术，具有浓郁的浪漫主义色彩，强调艺术家丰富的想象力；三是强调运动，运动与变化是巴洛克艺术的灵魂；四是十分关注空间感和立体感；五是综合性，巴洛克艺术强调艺术形式的综合性表现，如在建筑上重视建筑与雕刻、绘画相结合；六是具有浓重的宗教色彩，宗教题材在巴洛克艺术中占有主导地位；七是大多数巴洛克艺术家有远离生活和时代的倾向，如在一些天顶画中，人的形象变得微不足道，如同一些花纹。

在意大利，天主教堂是巴洛克风格的代表性建筑物。这些教堂的形制严格遵守特伦特教会会议的决定，以罗马的耶稣会教堂为蓝本，一律采用拉丁十字式。但是，这些教堂并没有遵守教会要求简单朴素的规定，而是用大量的大理石、铜和黄金进行装饰。天主教堂室内壁画的第一个特点是经常使用透视法延续建筑，扩大建筑空间。例如，在天花上接着四壁的透视线再画上一两层，然后在檐口之上绘画高远的天空、舒卷的游云和飞翔的天使。第二个特点是色彩鲜艳明亮，对比强烈。第三个特点是构图动态剧烈，画中的形象拥挤着、骚动着。

巴洛克时期，意大利一些府邸的平面设计采用新的手法，如罗马的巴波利尼府邸，其底层有一间进深三开间的大厅，朝花园全部敞开，面阔七间，第二进五间，第三进三间，整个平面近似一个三角形，使室内外空间流转贯通。又如，都灵城的卡里尼阿诺府邸以门厅为整个府邸的水平和垂直交通的枢纽，这是建筑平面处理上的进步。门厅是椭圆的，有一对完全敞开的弧形楼梯靠着外墙，从而造成了立面中段波浪式的曲面。楼梯形成了门厅中空间的复杂变化，并且富于装饰性。

（2）法国的古典主义、巴洛克和洛可可。法国建筑在巴洛克时期呈现出古典主义的风貌，这一方面是因为法国君主崇尚古典主义，另一方面是因为法国艺术受到意大利艺术的强烈影响，笼罩在罗马巴洛克艺术的氛围之下，所以该时期法国建筑无论在规模还是细节上都不同程度地呈现出巴洛克的特征。

法国路易十四时期，建筑与室内设计的风格是统一的，如家具与宫殿、府邸一样，尺度巨大，结构厚重，装饰丰富。橡树和胡桃树是常用的木材，还通过镶嵌细工、镀金和银来装饰。色彩趋向明亮，如红色、绿色或紫罗兰色，与镀金装饰一起，极尽豪华之能事。墙纸从那时起开始被引进中国，并且深受欢迎。挂毯也是人们非常喜爱的墙上饰物，但有时铺在地上。地面由木材或大理石铺设，常带有简洁的几何图案。

路易十五时期，建筑风格从巴洛克风格的烦琐转向古典主义的内敛，后被称为新古典主义。这时期优雅的洛可可风格的室内装修得到了较为广泛的应用。在室内装饰上，以豪华、欢快的情调为主，主要在宫廷中流行。这种艺术风格华丽、纤巧、轻薄，室内装饰追求各种涡形花纹的曲线。1713年由科特设计的图卢斯府邸金殿正是这种风格的集中体现，空间的四角都被做成了柔和的曲面，柱身都有浮雕装饰，但并没有巴洛克般强烈的凹凸变化，花草和少女雕像装饰的壁面与天花板营造出一种亲切而又妩媚的气息。

与巴洛克风格不同的是，洛可可风格的室内装饰是将过去用壁柱的地方改为用镶板或镜子，四周用细巧复杂的边框围起来；檐口和小山花用凹圆线脚和柔软的涡卷代替；圆雕和厚浮雕换成了色彩艳丽的小幅绘画和薄浮雕；丰满的花环不用了，改用纤细的璎珞；线脚和雕饰都是细细的、薄薄的，没有体积感。过去室内又硬又冷的大理石由于不合小巧客厅的装修情趣，也被淘汰了，墙面大多用木板，漆白色，后来又多用本色木材，并打蜡。装饰题材呈现出一种自然主义的倾向，比较喜爱的是千变万化的舒卷着、纠缠着的草叶，还有蚌壳、蔷薇和棕榈。色彩上爱用娇艳的颜色，如嫩绿、粉红、猩红等，线脚大多是金色的，天花上涂天蓝色，画着白云。喜爱闪烁的光泽，墙上大量嵌着镜子，挂着晶体玻璃吊灯，陈设有瓷器，家具上镶螺钿，壁炉用磨光的大理石，还大量使用金漆等。此外，门窗的上槛、镜子和框边线脚等的上下檐使用多变的曲线，并且常常被装饰打断。方角尽量避免，各种转角上多用涡卷、花草或者璎珞等来软化和掩盖。洛可可装饰的代表作是巴黎苏俾士府邸的客厅，窗、门、镜子和绘画周围都环绕着镀金的洛可可装饰，简单的房型有着复杂的装饰，通过镜子的多次反射，营造出非常花哨的形象效果。

路易十六时期，洛可可设计结合一些新元素，向学院式和更加严谨的新古典主义发展。洛可可风格的房间通常造型简单，采用清淡色彩的镶板，表面常用曲线装饰雕刻，这是其典型的特点。此时，红木变得很流行，木雕和镀金细部都比较考究，但雕刻趋向平行线脚、凹槽或半圆形线脚。希腊式装饰细部被引进，并进一步与旧古典主义联系在一起。窗帘使用普遍，深红色和金黄色常用于窗帘的边缘装饰与流苏。

自 17 世纪初开始，法国的室内空间不再追求豪华的排场而注重实惠，并倾向讲究生活的方便和舒适。于是，有些府邸就把前院分为左右两个，一个是车马院，另一个是漂亮、整齐的前院；大门也分两个，正房和两厢加大进深，都有前后房间，普遍使用小楼梯和内走廊；厨房和餐厅相邻，卧室附设着浴室、厕所和储藏间，并且专门为采光和通风设置小天井。平面功能区分更明确，精致的客厅和温馨的起居室代替了豪华的沙龙。房间里没有方形的墙角，到处都是圆的、椭圆的、长圆的或圆角多边形的房间，连院落也是如此。

（3）西班牙的"超级巴洛克"。西班牙文艺复兴的最后一个阶段被称为"库里格拉斯科"风格。"库里格拉斯科"风格可以理解为对简朴和严谨之装饰风格的反叛，一个极端的反映就是表面装饰非常烦琐，色彩十分艳丽。例如，位于格拉纳达的拉卡图亚教堂的圣器收藏室，其墙面覆盖着一层霜状的泥塑装饰，将古典式柱子和檐部都淹没在其中。这个例子恰如其分地体现了"库里格拉斯科"风格的特征——淹没于石膏装饰中的西班牙式的巴洛克艺术，古典建筑的潜在形式完全消失在表面装饰的喧闹中。这样的室内设计已经很难把其归纳为巴洛克、洛可可或手法主义范畴，它似乎超出了任何有规律的分类。

（4）德国的巴洛克和洛可可。德国这一时期的建筑室内设计达到了很高的水平，尤其是在楼梯间的设计上，如乌兹堡的寝宫和波莫斯菲顿宫的楼梯厅充分利用大楼梯的形体变化和空间穿插，再配上绘画、雕刻和精致的栏杆，表现出一种富丽堂皇的气派。如同巴洛克风格在西班牙变成超级巴洛克一样，洛可可风格到了德国也变得毫无节制了。

在宗教建筑中，设计师诺伊曼施展了其善于处理构件复杂的拱顶体系的才能，他最著名的教堂设计就是始建于 1743 年的位于韦尔岑海利根的朝圣教堂。该教堂曲线装饰占了主导地位，主空间的平面由三个纵向的椭圆形构成，耳堂的平面则是两个圆形。主祭坛设在教堂中央，雕刻有 14 位圣徒的祭坛呈心形，体现了传说的神秘氛围，其上是椭圆形的拱顶。室内建有复杂的穹顶支撑体系，中堂与侧堂相贯通，穹顶不是靠外墙支撑，而是靠中堂与侧堂之间的柱子来承重，因此光线通过外墙上的三层窗户照射进来，营造了一种朦胧的诗性效果。洁白的墙壁、华丽的大理石柱和色彩绚丽的壁画构成了一种轻快活泼的基调。

5. 欧洲 19 世纪

18 世纪末至 19 世纪，欧洲的主流装饰是对各种风格的"复兴"，如哥特式复兴、罗马式复兴、希腊复兴、新文艺复兴、巴洛克复兴等。当然，这些复兴绝不是简单的模仿，而是结合了 19 世纪人们在结构、功能、材料和装饰方面的新观念，同时带有折中主义的特点。

工业革命的发生无疑是这一阶段最重要的历史事件，它导致了人类生产力和生产方式的巨变，使整个人类社会的生活发生了天翻地覆的变化。建筑和室内设计更是深受影响，新工艺和新材料的出现大大改变了以往的建造模式，室内设计的体系更为完整。这一时期对室内设计的影响主要来源于铁和玻璃、钢筋混凝土以及新的生活系统等方面。

（1）铁和玻璃。为了采光的需要，铁和玻璃这两种建筑材料配合应用，在19世纪建筑中得到了新的诠释，如巴黎旧王宫奥尔良的拱顶运用了铁构件与玻璃配合的建筑方法，它和折中主义的沉重柱式与拱廊形成了强烈的对比。1833年出现了第一个完全以铁架和玻璃构成的巨大建筑物——巴黎植物园的温室，这种构造方式对后来的建筑有很大的启示。

（2）钢筋混凝土。钢筋混凝土在19世纪末至20世纪初被广泛采用，为建筑结构方式与建筑造型提供了新的可能性。钢筋混凝土的出现和在建筑上的应用几乎成了一切新建筑的标志，其结构一直到现在仍体现着它在建筑上所起的重大作用。

（3）新的生活系统。早期工业革命对室内设计的技术性影响远大过美学性影响。第一是走向现代化的管道系统、照明和取暖方式的出现使早期室内设计中的某些重要元素逐渐过时。铸铁成为制造火炉的一种廉价而又实用的材料。在城市，中央管道水系统开始出现，蒸汽泵的压力将贮水池或水塔提升到一个新的高度，使重力可以将水送到建筑上层房间里的浴室中；流动水的出现催生了抽水马桶；各种油灯逐渐代替了烛台，枝状吊灯也得到应用。所有这一切都对室内空间形态的改变起到了很大的作用，室内设计得到了更广阔的发展。

八、室内设计师的工作内容与责任

（一）室内设计师的工作内容

室内设计师的任务是通过室内设计提升人们的生活质量和生产效率，保护公众安全，丰富室内空间功能，提高室内设计质量。其主要工作内容如下：分析客户设计需求，如生活、工作和安全方面的需求；将调查结果和室内设计专业知识结合，进行设计定位和设想；提出符合客户需求的初步设计概念，要同时符合功能和美学要求；通过项目策划和设计细化，形成最终方案；绘制施工图，并对室内非承重结构的构造、装饰材料、空间规划、家具陈设、纺织品和固定设备设施做出明确说明；在设备、电气和承重结构设计方面要与专业的、有相应资质的从业者或机构合作。

（二）室内设计师的责任

室内设计师要将客户的需求转化成现实，了解客户的愿望，在有限的时间、工艺、成本等压力下，创造出实用与美学相结合的全新空间。人们对安全、健康和公众福利等方面越来越重视，因此室内设计师应考虑的重要课题是如何提高室内环境质量和生活质量。室内设计师应将注意力放在人的需求、生态环境和文化发展等相关问题上，并结合专业技术和创新技能解决这些问题。

第二节　室内设计中的相关元素

一、室内设计中的造型元素

室内空间的造型元素包括点、线、面、体、形状、尺度、比例、方位等，这是各种造型形成的基本形态。不同形态再以多样化的尺度、比例和方位进行组合穿插，便形成了各种具有视觉冲击和心理暗示的空间造型。

（一）点

点在空间中标明一个位置，在概念上没有长和宽，是无方向性的。在室内空间中，较小的形都可以称为点，如一幅画在一块大的墙面上，或一件家具在一个大的房间中都可以被视为点，它可以起到在空间中标明位置或使人的视线集中注视的作用。有时一个点太小，不足以成为视觉重心时，便可以用多个点组合成群，以加强分量，平衡视觉。点可以有规律地排列，形成线或面的感觉，也可以自由组合，形成一个区域，按照某种几何关系排布，形成某种造型。

（二）线

一个点延伸开来便成为一条线。如果有足够的连续性，用相似的形态要素进行简单的重复，就可以限定出一条线。线的一个重要特性就是它的方向性。水平线能够表达稳定和平衡，给人的感觉常常是稳定、舒适、安静与和平；垂直线则表现出一种与重力相均衡的状态，给人的感觉常常是向上、崇高和坚韧；斜线可视为正在升起或下滑，暗示一种运动，在视觉上是积极而能动的，给人以动势和不安静感；曲线表现出一种由侧向力所引起的弯曲运动，倾向突出柔和感。在室内空间中，作为线出现的视觉现象有很多，凡长度方向较宽度方向大得多的构件均可以视为线，如室内的梁、柱子以及作为装饰的线脚等。

（三）面

线沿着非自身方向延展即可形成面。水平面显得平和宁静，有安定感；垂直面有紧张感，显得挺拔；斜面有动感，效果比较强烈；曲面常常显得温和轻柔，具有动感和亲切感。室内空间的顶、底、侧三个界面就是典型的面，面限定形式和空间的三维特征，每个面的属性（尺寸、形状、色彩、质感）以及它们之间的空间关系最终决定着这些面限定的形式所具有的视觉特征，和它们所围合的空间质量。各种类型的面经过一定的组合安排后则会产生活泼生动的综合效果。

（四）体

面沿着非自身表面的方向扩展时即可形成体。体所特有的体形是由体量的边缘线和面的形状及其内在关系所决定的。体可以是规则的几何形，也可以是不规则的自由形体。在室内空间中，体大都是较为规则的几何形体以及简单形体的组合，可以看作体的室内构成物，一般有结构构件、结构节点、家具、雕塑、墙面凸出部分以及陈设品等。"体"常常与"量""块"等概念相联系，体的重量感与其造型以及各部分之间的比例、尺度、材质以及色彩都有关，如粗大的柱子表面贴石材和包上镜面不锈钢板，其重量感会大不相同。

（五）形　状

形状是形式的主要可辨认特征，是一种形式的表面外轮廓或一个体的轮廓的特定造型，也是我们用以区别两种形态的根本手段。形状一般可分为几类：一是自然形，即用于表现自然界中的各种形象；二是非具象形，指不模仿特定的物体，也没有参照某个特定的主题，只是按照某一程式化演变出来的图形，带有某种象征性意义；三是几何形，其在建筑设计和室内设计中使用最为广泛。几何形通常有直线形与曲线形两种，曲线中的圆形和直线中的多边形是其中使用最频繁的形态。在所有的几何形中，最醒目的是圆形、三角形和正方形，转化到三维形体中就生成了球体、圆柱体、圆锥体、方锥体和立方体等。

（六）尺　度

尺度是由形式的尺寸与周围其他形式的关系所决定的。尺寸是形式的实际量度，也就是它的长度和深度，这些量度决定了形式的比例。尺度对形成特定的环境气氛有很大的影响，人体尺度就是物体相对于人之身体大小给我们的感觉。如果室内空间或空间中各部分的尺寸使我们感到自己很渺小，我们便会说它缺乏人体尺度感；如果室内空间或空间中各部分的尺寸让我们感到大小合适，我们就会说它比较符合人体尺度。尺度较小的空间容易形成一种亲切宜人的气氛；尺度较大的空间，会给人一种宏伟博大的感觉。

（七）比　例

在室内设计中，比例一般是指空间、界面、家具或陈设本身的各部分尺寸应有较好的关系，或者是指家具和陈设等应与其所处的空间有良好的关系。不同的比例关系常常会使人形成不同的心理感受，就空间的高宽比例而言，高而窄的空间（高宽比大）常会使人产生向上的感觉，利用这种感觉，建筑空间能产生崇高雄伟的艺术感染力，高而直的教堂就是利用这种空间来形成宗教的神秘感的；低而宽的空间（高宽比小）常会使人产生侧向延展的感觉，利用这种感觉，可以形成一种开阔舒展的气氛，一些建筑的门厅、大堂通常采用这样的比例；细而长的空间会使人产生向前的感受，利用这种空间，可以营造一种深远的气氛。

（八）方　位

方位的确定对室内空间的整体格局以及空间的分隔、组织和联系都有很大的影响。当一个物体在室内空间中处于中央位置时，就容易引起人们的注意；当它在空间中发生位置变化时，又可以使空间变得富有变化，具有灵活性。物体的方位变化能使人产生不同的视觉效果和心理感受。

在室内空间中，上述造型元素是需要综合起来共同作用的，它们之间的组合方式多种多样，但设计时必须遵循一定的形式美法则，否则会产生不佳的视觉效果和空间感觉。

二、室内设计中的材质元素

材料和质感是室内设计中不可或缺的元素。材料的性能有很多，但从造型和视觉效果的角度来看，其中最重要的性能当属质感。

（一）材　料

在室内环境中，天然材料由于具有自然的光泽、色彩和纹理，通常会给人以朴实、舒适的感觉。但实际上，室内环境运用更多的是人工材料，大部分人工材料具有机械加工的美感。合理使用人工材料，可以使室内充满美的气氛。室内装饰常用的人工材料如表 1-1 所示。

表1-1　常见装饰材料

材料名称	特　点	常见的运用界面	适用范围
大理石	纹理美观，易清洁，吸声差	底界面及侧界面	装饰要求较高的室内空间
花岗岩	纹理美观，易清洁，耐久耐磨，吸声差	底界面及侧界面	装饰要求较高的室内空间
水泥砂浆	价廉，美观性差	底界面	装饰要求较低的室内空间
水泥砂浆粉刷	价廉，美观性差	侧界面及顶界面	装饰要求较低的室内空间
现浇水磨石	色彩和花纹可选择，易清洁，防滑性差，吸声差，施工比较复杂	底界面	装饰要求不高的室内空间
预制水磨石	色彩花纹可选择，易清洁，易施工，防滑性差，吸声差	底界面	装饰要求不高的室内空间
内墙砖	色彩可选择，防火，耐酸，易清洁	侧界面	适用于各类室内空间，常用于厨房、卫生间、阳台等处
地砖	色彩可选择，防火，耐酸，耐磨度强，易清洁	底界面	适用于各类室内空间，常用于厨房、卫生间、阳台等处
马赛克	色彩可选择，耐火，耐磨，易清洁	底界面、侧界面	装饰要求较低的室内空间，常用于厨房、卫生间等处
石膏（矿棉）板	防火性能好，便于施工	顶界面、侧界面	各类室内空间

材料名称	特　点	常见的运用界面	适用范围
矿面水泥板、硅钙板	防火性能好，便于施工	顶界面、侧界面	各类室内空间
镀塑铝合金板	防潮，防火，耐久，便于施工	顶界面	装饰要求较高的室内空间
涂料、油漆	色彩可选择，能清洁	侧界面、顶界面	各类室内空间
墙纸、墙布	色彩可选择，有纹样，高发泡类稍具吸声作用	侧界面、顶界面	人流量不大的室内空间
皮革及织物	色彩和纹理可选择，手感及吸声好，需要做阻燃处理	侧界面、顶界面、家具	各类室内空间
地毯	色彩可选择，柔软，吸声好，需要做阻燃处理	底界面、侧界面	各类室内空间
钢	有现代感，需要做防火处理	侧界面、顶界面	装饰要求较高的室内空间
不锈钢	有抛光、亚光两种，有现代感，耐腐蚀	侧界面及各种饰件，亦可用于舞池地面	装饰要求较高的室内空间
磨砂玻璃、压花玻璃、喷花玻璃	透光不透视，花纹可选择，不牢固	侧界面、顶界面	装饰要求较高的室内空间
玻璃	透光，绝热，隔声，耐火，耐酸，坚固	底界面、顶界面、侧界面	装饰要求较高的室内空间
镜面	能扩大室内空间感，吸声差	顶界面、侧界面	各类室内空间

（二）质　感

质感即材料表面组织构造所产生的视觉及触觉感受，常用来形容实体表面的相对粗糙和平滑程度，也可用来形容实体表面的特殊品质，如石材的粗糙面、木材的纹理等。质感给人的感受所包含的内容往往比单纯的视觉更胜一等。常见的室内装饰材料的质感有粗糙与光滑、软与硬、冷与暖、光泽与透明度、弹性、肌理等特性。

1. 粗糙与光滑

表面粗糙的材料包括石材、未加工的厚木、粗砖、磨砂玻璃、长毛织物等；表面光滑的材料包括玻璃、抛光金属、釉面陶瓷、丝绸、有机玻璃等。

2. 软与硬

纤维织物具有柔软的触感，如纯羊毛织物、棉麻、植物纤维等；硬质材料有砖石、金属、玻璃等，它们多耐用、耐磨、不易变形且线条挺拔。

3. 冷与暖

质感的冷暖表现在身体的触觉感受上，座面和扶手等一些人体接触的表面一般要求使用柔软而温暖的材料。

4. 光泽与透明度

通过一些材料如镜面般光滑表面的反射，可使室内空间感扩大，同时映出丰富的色彩。透明度也是材料的一大特色，常见的透明和半透明材料有玻璃、有机玻璃和纱帘等。

5. 弹性

人们通常会感觉走在草地上要比走在混凝土路上舒适，坐在有弹性的沙发上要比坐在硬面椅上舒服，更能达到休息和放松的目的，这便是一些硬性材料在弹性上所无法达到的效果。

6. 肌理

材料的肌理（或称纹理），有均匀无线条的、水平的、直的、斜纹的、交错的和曲折的等各种纹样。优美的肌理效果可以增加空间形体的细部美感和整体的视觉冲击力。

三、室内设计中的光线元素

室内光环境设计主要满足人、经济环保、内部空间三方面的要求。人的需求包括可见度、视觉舒适度、社交信息、情绪气氛、健康与安全等方面的需求；经济环保要求包括安装、维护、运行、能源等方面的要求；内部空间要求包括建筑形式、空间构成关系、室内空间风格、建筑标准等方面的要求。室内光环境设计主要包括自然光应用和人工照明两个方面。

（一）自然光应用

科学合理地应用自然采光有利于人的视觉舒适和安全，是最为经济环保的一种采光方式。但是，受建筑条件和昼夜变化的制约，自然光必须辅以大量的人工照明。

自然采光效果主要取决于采光部位以及采光口的面积大小和布置形式，一般有侧光、高侧光和定光三种形式。侧光可以选择良好的朝向和室外景观，使用和维护也较方便，但当房间的进深增加时，采光效果会大大降低，因此需要增加窗的高度或采用双向采光和转角采光来弥补这一缺点。同时，室内采光受到室外环境和室内界面装饰处理的影响，如室外临近的建筑物既会阻挡日光的射入，又会反射一部分日光进入室内。窗的方位影响着室内的采光，当面向太阳时，室内所接收的光线比其他方向要多。窗所用玻璃材料的投射系数不同，室内采光效果也不同。另外，自然采光一般还要采取遮阳措施，以避免阳光直射室内引起眩光和过热的不适感觉。

（二）人工照明

1. 照明方式

照明的方式多种多样，如果按照散光的方式进行区分，一般有间接照明、半间接照明、漫射照明、半直接照明、宽光束的直接照明和高光束的下射直接照明等。

（1）间接照明。这种方式光源遮蔽，光线柔和，不易产生阴影，是比较理想的整体照明方式。

（2）半间接照明。这种方式是将 60% ～ 90% 的光向着顶棚或墙等壁面上照射，使壁面产生主要的反射光源，并将另外 10% ～ 40% 的光直接照于工作面。

（3）漫射照明。这种方式对所有方向的照明几乎都一样，为了控制眩光，漫射装置应大一些，灯的瓦数应低一些。

（4）半直接照明。这种方式是将 60% ～ 90% 的光向下直射到工作面，其余 10% ～ 40% 的光则向上照射。

（5）宽光束的直接照明。这种方式具有强烈的明暗对比，可形成有趣、生动的阴影。

（6）高光束的下射直接照明。这种方式因高度集中的光束而形成光焦点，能起到突出光效果强调重点的作用。

2. 区域照明要求

在对室内光环境进行表现时，需要注意正确选择光源的色温和光色。低、中、高色温的光源可分别营造出浪漫温馨、明朗开阔、凉爽活泼的光环境气氛。在设计中应根据室内空间的性质进行选择，如宾馆大堂、住宅客厅等处的光源应以低色温的暖光（黄光）为主，以便产生热烈的迎宾气氛；办公室、车间的照明应选择中到高色温的光源（白光），以提高工作效率。另外，在具体的室内空间中，不同区域对光线亮度的要求各不相同。

（1）顶棚区。这是灯具的主要安装区域，在室内光环境中处于从属地位，因此除特殊情况外，一般不宜突出顶棚区，以免喧宾夺主。宴会厅、酒吧、夜总会等餐饮娱乐空间的顶棚处理复杂一些，可以根据需要考虑一些局部的亮度变化和闪烁，以满足功能需求。

（2）周围区域。这是整个室内光环境中亮度相对较低的区域。一般情况下，它的亮度不应超过顶棚区。

（3）活动区。这是人们工作、学习的区域，也是视觉工作的重要区域。该区域的照明首先应满足国家相应的照明规范中有关照明标准和眩光限定的要求；其次，为了避免过亮而产生视觉疲劳，该区域与周围区域的亮度对比不宜过大。

（4）视觉中心。这是室内光环境中一个特定的突出区域，其照明主体通常是该环境中引人注目的部分，如一些富有特色的室内装饰品、艺术品、客厅入口的玄关处等。

3. 人工照明的艺术性

人工照明的艺术性主要表现在创造氛围、加强空间感和立体感、光影艺术与装饰照明、照明的布置艺术和灯具造型艺术等方面。

（1）创造氛围。光的亮度和色彩是决定气氛的主要因素。暖色光使人的皮肤、面容显得更健康、更美丽，许多餐厅、咖啡馆和娱乐场所常常用暖色光，如粉红色、浅紫色的光，使整个空间具有温暖、欢乐和活跃的气氛，但由于光色的加强，光的亮度会相应减弱；冷色光在夏季会使人感觉凉爽，如青、绿色的光。因此，光线设计需要根据不同气候、环境、建筑以及性格要求来确定。

（2）加强空间感和立体感。室内空间的开敞性与光的亮度成正比，亮的房间显得大，暗的房间则显得小。充满房间的无形的漫射光会使空间有扩大的感觉，而直接光能加强物体的阴影，光影对比能加强空间的立体感。当点光源照亮粗糙的墙面时，我们会觉得墙面质感得以加强。只有通过不同物体的特性和室内亮度的不同分布才能使室内空间显得更有生气。

（3）光影艺术与装饰照明。将各种照明装置用在恰当的部位，生动的光影效果就可以丰富室内的空间，既可突出光的主题，又可表现影的效果，还可以使光影同时展现。

（4）照明的布置艺术和灯具造型艺术。光可以是无形的，也可以是有形的，但灯具大多是暴露在外的，无论有形光还是无形光，都是艺术的表现形式。灯具造型始终是室内设计的一个重要组成部分，有些灯具的设计重点放在支架上，也有些将重点放在灯罩上。不管哪种方式，整体造型都必须协调统一。现代灯具往往强调几何形体构成，在球体、立方体、圆柱体、锥体的基础上加以改造，演变成千姿百态的形式，同时运用对比、韵律等构图原则，达到新颖和独特的效果，烘托室内空间的整体气氛。

四、室内设计中的色彩元素

（一）色彩的基本概念

色彩是室内空间中重要的设计元素之一。色彩的呈现需要光，光是一切物体颜色的唯一来源，是一种电磁波的能量，称为"光波"。波长在 380～780 nm 内的人们察觉到的光称"可见光"，它们在电磁波巨大的连续统一体中只占极小一部分。光刺激到人的视网膜时形成色觉，因此我们通常见到的物体颜色是指物体反射光的色觉。

1. 色彩三要素

色彩具有三种属性，或称色彩三要素，即色相、明度和纯度。这三者在任何一个物体上都是同时显示和不可分割的。色相是指色彩所呈现的相貌，如红、橙、黄、绿、蓝等色；明度是指色彩的明暗程度，其取决于光波的波幅，波幅愈大，亮度也就愈大；纯度也称色彩的彩度或饱和度，是指色彩的强弱程度。

2. 色彩的类型

色彩可以进行调和，但基本的三原色是无法调和的，其他色彩都是以它们为基础扩展开来的。从这个意义上理解，色彩有原色、间色、复色、补色等类型。原色：红、黄、青称为"三原色"，因为这三种颜色在感觉上不能再分割，也不能用其他颜色来调配；间色：其又称"二次色"，是由两种原色调制而成的颜色；

复色：由两种间色调制成的色称为"复色"；补色：在三原色中，其中两种原色调制成的补色（间色）与另一原色互称为"补色"或"对比色"。

（二）色彩与视觉感受

色彩对人的视觉冲击往往比较强烈，同时能带给人感觉和情绪上的感染，而且这种感染带有很大的普遍性。

1. 色彩在色相上的视觉特征

红色是一种积极的颜色，是所有色彩中最强烈和最有生气的色彩，具有促使人们注意和似乎凌驾于一切色彩之上的力量。橙色兴奋、喜悦、充满活力，比红色柔和，但亮橙色仍然富有刺激性和兴奋性，浅橙色通常使人愉悦。黄色在色相环上是明度级最高的色彩，它光芒四射、轻盈明快、生机勃勃，具有温暖、愉悦和提神的效果。绿色让人感觉大自然中的植物在生长，具有一种生机盎然、清新宁静的生命力和自然力。蓝色与红色相对，蓝色是透明和湿润的，心理上感觉是冷的、安静的。紫色比较有魅力，具有一定的神秘感，精致而富丽、高贵而迷人。白色象征光明、洁净、纯真、浪漫、神圣、清新，同时具有解脱和逃避的特征。灰色是黑白之间的颜色，其作为一种中立，并非是两者中的一个：既不是主体，也不是客体；既不是内在的，也不是外在的；既不是紧张的，也不是和解的。黑色具有严肃、厚重、性感的特征。

人们对不同的色彩表现出不同的好恶，这种心理反应常常是人们生活经验、利害关系以及由色彩引起的联想所造成的，也和人的年龄、性格、素养、民族、习惯分不开。例如，看到红色会联想到太阳以及万物生命之源，从而感到崇敬、伟大，还会联想到血，感到不安、野蛮等。

2. 色彩的视觉影响

色彩所引起的视觉影响在物理性质方面的反应主要表现为温度感和距离感。不同色相的色彩可分为热色、冷色和温色。红紫、红、橙、黄和黄绿色称为热色，以橙色最热；青紫、青和青绿色称为冷色，以青色最冷。这些与人类长期的感觉经验是一致的，如红色、黄色让人想到太阳、火等，感觉热，而青色、绿色让人想到江河湖海和绿色的田野、森林，感觉凉爽。一般暖色系和明度高的色彩具有前进、突出、接近的效果，冷色系和明度较低的色彩则具有后退、凹陷、远离的效果。

（三）色彩的对比错觉

色彩的对比是指两个或两个以上的色彩放在一起时，由于相互间的影响而呈现出差别的现象。色彩对比有两种情形：一种是同时看到两种色彩时所产生的对比，叫同时对比；另一种是先看了某种颜色，然后看另一种颜色时产生的对比，叫连续对比。色彩的对比往往容易引起视觉对色彩感知的一些错觉，主要表现为以下几点：

1. 色相的对比

当相同纯度和相同明度的橙色分别与黄色和红色对比时，与黄色在一起的橙色显得红，与红色在一起的橙色则显得黄。

2. 明度的对比

当相同明度的灰色分别与黑色和白色同时对比时，与黑色并置在一起的灰色显得亮一些，与白色并置在一起的灰色则显得暗一些。

3. 纯度的对比

当无色彩系的灰色与艳色同时对比时，灰色就会显得更加灰，艳色就会显得更加鲜艳。

4. 冷暖的对比

当暖色与冷色同时对比时，暖色会显得更暖，冷色则会显得更冷。

5. 面积的对比

面积大小不同的色彩配置在一起时，面积大的色彩容易形成色调，面积小的容易突出，形成点缀色。

视觉错觉现象主要涉及形态和色彩两个方面。其中，人们对色彩感觉的错觉主要来自色彩的对比，因为在日常生活中没有独立存在的色彩，色彩总是处于复杂的色彩对比的环境之中。又由于光线的影响，人们对物体的色彩、形状、大小、空间、色相、明度、纯度都会产生错觉，对比越强，错觉就越强。

（四）室内色彩的搭配方法

色彩的统一与变化是色彩构成的基本原理，室内用色主要遵循以下原则：一是主色调贯穿整个室内，不同部位适当变化，反映主题，表达感受；二是大面积色彩统一协调，主色调确定后，应考虑色彩的比例分配，做到主次分明；三是加强色彩的魅力，有明确的图底关系、层次关系和视觉中心，但又不刻板、不僵化，以达到丰富多彩的效果。为了实现以上目的，室内环境的配色通常可以采用以下几种办法。

1. 单色相配色法

这种方法是指室内空间采用某一色相为主，色彩明度和色度可以有所变化。其优点是能创造鲜明的室内色彩形象，产生单纯、细腻的色彩韵味，尤其适用于小空间或静态空间，但应注意避免产生单调感。

2. 类似色配色法

这种方法是指选择一组类似色，通过其明度与彩度的配合，使室内产生一种统一中富有变化的效果。这种方法容易形成高雅、华丽的视觉效果，适用于中型空间或动态空间。

3. 对比色配色法

这种方法是指选择一组对比色，充分发挥其对比效果，并通过明度与彩度的调节以及面积的调整获得对比鲜明而又和谐的效果。

五、室内设计中的其他元素

（一）家　具

家具的类型和风格多种多样，要实现整体室内环境的完美和谐，对家具进行恰当选择和安排是非常重要的。家具在室内环境中所起的作用可以从三个方面进行归纳：一是明确使用功能，识别空间性质。绝大部分室内空间在未布置家具前是难以使用也难以识别其使用功能的，因此家具是空间实用性质的直接表达对象。家具的组织和布置是室内空间组织使用的直接体现，也是对室内空间组织和使用的再创造。二是利用空间，组织空间。利用家具分隔空间是室内设计的重要内容，因此应将室内空间分隔和家具结合起来考虑，通过家具布置的灵活变化达到适应不同功能要求的目的。三是营造情调，创造氛围。家具在室内空间所占的比重较大，体量突出，因此成为室内空间表现的重要角色。家具和建筑一样受到各种文艺思潮和流派的影响，人们除了注重家具的使用功能外，还要通过各种艺术手段，利用家具的形象来表达某种思想和含义。自古至今，家具造型千姿百态，五彩纷呈，它既是实用品，也是艺术品。

（1）结合室内的具体环境配置合适的家具通常可从四个方面入手，即确定家具的种类和数量，选择合适的款式，选择合适的风格，确定合适的格局。

①确定家具的种类和数量。满足室内空间的使用要求是家具配置的根本目标，在确定家具的种类和数量之前，必须先了解室内空间场所的使用要求，包括使用对象、用途、使用人数等。

②选择合适的款式。选用家具款式时应讲实效、求方便、重效益。讲实效就是要把用放在第一位，使家具实用、耐用，甚至多用，在住宅、旅馆、办公楼中，配套家具、组合家具、多用家具的使用已愈来愈多；求方便就是要省时省力，如旅馆客房常将控制照明、音响、温度、窗帘的开关集中设在床头柜或床头板上，一些现代化的办公室也常常选用带有电子设备和卡片记录系统的办公桌。

③选择合适的风格。这里所说的风格主要是指家具的基本特征，它由造型、色彩、质地、装饰等多种因素决定。由于家具的风格选择关系到整个室内空间的效果，因此必须仔细斟酌，使其风格特征与室内的整体风格相协调。

④确定合适的格局。选择家具前，应根据空间的功能和构图要求把主要家具分为若干组，使各组间的关系符合分聚得当、主次分明的原则。一般家具布置的格局有以下几种：

a.对称式。这种格局显得庄重、严肃、稳定而静穆，适合正规场合。

b.非对称式。这种格局显得活泼、自由、流动而活跃，适合轻松的非正规场合。

c.集中式。适合功能比较单一、家具品种不多、房间面积较小的场合，常形成单一的家具组合。

d.分散式。适合功能多样、家具品种较多、房间面积较大的场合，常形成若干家具组合。

（2）家具与空间的关系。家具和空间是一种相辅相成的关系，家具的选择既受限于空间的性质和形态，又会改变空间的具体内涵和特征。和谐的室内空间中家具的摆放应满足如下要求：

①位置合理。家具应结合使用要求，布置于室内合理的位置。

②使用方便，减少劳动量。应根据人在使用过程中方便、舒适、省时、省力的活动规律来确定家具的类型和位置。

③丰富空间，改善空间。应根据家具的不同体量、大小和高低，结合空间，将家具放置在合理的位置，使空间在视觉上取得良好的效果。

④充分利用空间。在重视社会效益和环境效益的基础上精打细算，充分发挥单位面积的使用价值。

（3）家具的布置方式。按照家具在空间中的位置关系，其布置方式一般有以下几种：

①周边式。家具沿四周墙壁布置，留出中间位置，空间相对集中，易于组织交通，可为举行一些活动提供较大的面积，便于布置中心陈设。

②岛式。将家具布置在室内中心部位，留出周边空间，强调家具的中心地位，显示其重要性和独立性，周边为交通活动区域，保证中心区不受干扰和影响。

③单边式。将家具集中在一侧，留出另一侧空间（走道），工作区和交通区分开，功能分区明确，受到的干扰小，交通流线常为线形。

④走道式。将家具布置在室内两侧，中间留出走道，以节约交通面积，但交通对两侧都有干扰。

（二）室内陈设

室内陈设又称"摆设"。陈设品的内容非常广泛，形式丰富多样，陈设的基本目的是以表达一定的思想内涵和精神文化为着眼点，对室内空间形象的塑造、气氛的表达、环境的渲染起到锦上添花和画龙点睛的作用。

室内陈设根据其作用可分为功能性陈设和装饰性陈设。功能性陈设以实用功能为主，兼有装饰作用，能满足生活中的某些物质需要，同时在形状、色彩、质地等方面有一定的感染力，能够美化空间。这一类型的陈设品包括工艺灯具、各类织物（地毯、窗帘、台布等）、生活用品、文体用品以及书籍等。装饰性陈设往往只具有观赏价值，如字画、雕塑、盆景、工艺美术品、个人收藏品和纪念品等。

陈设可以进一步表现室内环境的特征，使其风格更加明显和易于理解。陈设品可使空间层次更加丰富生动，能陶冶情操，彰显个性。陈设对空间的主要意义如下：一是表达空间主题，营造空间氛围，进一步强化室内风格。由于陈设品本身的造型、色彩、图案以及质感反映了一定的历史文化、风俗习惯、地域特征，能给人以更大的想象空间，因此对室内风格起着明确与强化作用。二是丰富空间层次，并柔化空间。比如，织物的柔软质地让人有温暖亲切的感觉，观赏性的插花能为空间增添生气。另外，由艺术品、织物、绿植、水体等陈设营造出的二次空间层次更加丰富，能使空间的使用功能更趋人性化。三是反映使用者的爱好和生活情趣。某些陈设品具有很强的个人感情色彩，是使用者充分表达个人爱好的直接语言，能反映出其职业特征、品位修养等。

1. 常规布置方式

室内陈设不但在强化整体空间氛围上意义重大，而且布置灵活，形式多样，具有一般家具无法比拟的优势。其常规的布置方式主要有以下几种：

（1）墙面陈设。该方式一般以平面艺术表现为主，也可以将立体陈设品放在壁龛中，如花卉雕塑等，并配以灯光照明。另外，还可以在墙面设置悬挑轻型搁架，存放陈设品。

（2）台面摆放。该方式适合小巧精致、便于微观欣赏的艺术品，并可根据时间即兴更换。

（3）落地陈设。该方式适合大型装饰品，如雕塑、瓷瓶等。

（4）橱柜陈设。数量大、品种多、形式多样的小型陈设品最宜采用分格分层搁放。

（5）悬挂陈设。空间高大的厅堂常采用悬挂装饰品，如织物、绿化、抽象雕像和吊灯等，可弥补空间的空旷感。

2. 室内陈设原则

（1）陈设与室内使用功能要取得和谐统一的效果。

（2）陈设的色彩和材质须统一考虑。

（3）室内陈设在色彩上可以采取对比的方式以突出重点，或采取调和方式使家具和陈设品之间、陈设品与陈设品之间相互呼应，协调统一。

（4）陈设的布置方式应与家具紧密配合。

（5）陈设品与家具之间应形成良好的视觉效果、稳定的平衡关系，共同表现空间的对称或非对称、静态或动态等关系。

（三）室内绿化

植物作为一种生态因素，能够提高环境质量以及人的舒适度，满足人们身体和心理方面的需求。

（1）室内绿化的作用。

①净化空气，调节气候。人在呼吸过程中吸入氧气，呼出二氧化碳，而植物经过光合作用可以吸收二氧化碳，释放氧气，从而使大气中氧和二氧化碳达到平衡。同时，通过植物的叶子吸热和水分蒸发可降低气温，在夏季可以调节温度。

②组织空间，引导空间。以绿化分隔空间的方式在室内设计中应用十分广泛，绿化在室内的连续布置从一个空间延伸到另一个空间，特别是在空间的转折、过

渡之处更能发挥植物的独特作用。在大门入口处、楼梯进出口处、交通中心或转折处、走道末端等位置，一般放置醒目的、具有装饰效果的植物，起到强化空间、突出重点的作用。

③柔化空间，增添生气。树木、花卉以其千姿百态的样式、五彩缤纷的色彩、柔软飘逸的形态、生机勃勃的气势，与冷漠、刻板的金属、玻璃等装饰材料以及僵硬的建筑几何形体形成强烈的对照，从而使空间更具有人情味。

④美化环境，陶冶情操。绿色植物，无论其形、色、质、味，还是其枝干、花叶、果实，所展示出的蓬勃向上和充满生机的力量通常会引人奋发向上，更加热爱自然、热爱生活。

⑤抒发情感，创造氛围。一定量的植物配置会使室内形成绿化环境，让人感觉仿佛置身于自然中，享受自然所赋予的那种心旷神怡、悠然自得的美感，这对工作、学习、休息都有益处。

（2）植物与室内环境的关系。植物大都在自然界生长，因此室内环境对其而言具有诸多局限。在光照上，一般认为光照强度低于 300 lx，植物就不能维持生长；在温度上，室内温度相对恒定，变化幅度大致在 15 ~ 25℃，基本适合绿色植物的生长；空气湿度对植物生长也起着很大的作用，一般控制在 40% ~ 60% 对人和植物都比较有利；通风保持 3 ~ 4 级以下，对气体交换、植物的生理活动、开花授粉等很有益处。另外，还要注意土壤的选择，种植室内植物的土壤应以结构疏松、透气、排水性能良好，又富含有机质的土壤为好。

从观赏角度看，室内植物一般可分为观叶植物、观花植物、观果植物、闻香植物、藤蔓植物、室内树木和水生植物等种类。受阳光照射等条件的局限，不管是哪类植物，通常只能选择喜阴或耐阴的品种作为栽培的对象。

根据植物与空间环境之间的关系，选用室内植物应考虑以下几个方面。

①为室内创造气氛。不同的植物形态、色泽和质感等会表现出不同的情调和气氛，应与室内要求的氛围保持一致。

②对空间的作用。应考虑分隔空间、限定空间、引导空间、填补空间、创造趣味中心、强调或掩饰建筑局部空间以及植物成长后的空间效果等。

③根据空间的大小，选择植物尺度。一般将室内植物分为大、中、小三类。小型植物高度在 30 cm 以下，中型植物高度为 30 ~ 100 cm，大型植物高度在 100 cm 以上。植物的大小应与室内空间尺度以及家具之间具有良好的比例关系。

④植物的色彩。鲜艳美丽的花叶可为室内环境增色不少，植物的色彩选择应与整个室内色彩取得协调，利用不占室内面积的地方布置绿化。

⑤与室外相联系。应使被选择的植物与室外条件相结合，尽可能地利用自然

植物的生长条件。

⑥植物养护。包括修剪、绑扎、浇水和施肥等养护的技术性问题。

⑦注意一部分人对某些植物过敏的问题。

⑧选择种植植物的容器。种植植物的容器应该按照植物品种，选择大小、质地不同的花盆。

（3）室内植物的布局特点。

①点状布局，指独立或组成单元集中布置的植物布局方式，这种布局常用于室内空间的重要位置，除了能加强室内的空间层次感以外，还能成为室内的景观中心，因此在植物选用上要特别强调其观赏性。

②线状布局，指绿化呈线状排列的形式，有直线式和曲线式之分，其中直线式是指将数盆花木排列于窗台、阳台、台阶或厅堂的花槽内，组成带式、折线式或呈方形、回纹形等。

③面状布局，指成片布置的室内绿化形式，通常由若干个点组合而成，多数用作背景，这种绿化形式的体、形、色等都应以突出其前面的景物为原则。

④综合布局，指由点、线、面有机结合构成的绿化形式，是室内绿化布局中采用最多的一种形式。

（4）室内绿化的布置方式。室内绿化的布置根据不同的任务、目的和作用可采取不同的布置方式。一般来说，随着空间位置的不同，绿化的作用和地位也会变化。例如，处于重要的中心位置，如大厅中央；较为重要的关键位置，如出入口处；一般的边角地带，如墙边、角隅等。应根据不同位置，选择相应的植物品种和颜色。另外，室内绿化通常是利用室内剩余空间或不影响交通的墙边、角隅，并采用悬、吊、壁龛、壁架等方式利用空间，尽量少占室内使用面积。同时，某些攀缘、藤萝类植物通过垂悬展现其风姿，因此室内绿化的布置应从平面和垂直两个方面考虑，形成立体的绿化环境。常见的植物与空间巧妙结合的方式有以下几种。

①重点装饰与边角点缀。重点装饰就是将室内绿化作为主要陈设并形成视觉中心，以其形与色的特有魅力达到吸引视线的目的，是许多厅堂采用的一种布置方式。边角点缀的布置方式十分多样，如布置在客厅中沙发的转角处以及靠近角落的餐桌旁或楼梯背部。

②结合家具、陈设等布置绿化。室内绿化除了单独落地布置外，还可与家具、陈设和灯具等室内物件结合布置，相得益彰，组成一个有机整体。

③组成背景，形成对比。无论是绿叶还是鲜花，无论是铺地还是屏障，绿化都可以集中布置或成片布置，通过其独特的形态、色泽和质感组成背景。

④沿窗布置绿化。沿窗布置绿化能使植物接受更多的日光照射，并形成室内绿化的景观效果。

（四）室内标识

所谓室内标识是指在室内整体设计理念的指导下，对人们进行指示、引导、限制并形成富有个性特征的统一的导向识别系统。

（1）室内标识的设计原则。室内标识有时会成为室内空间设计的一部分，其设计应遵循以下原则：①准确性原则，指识别图形、符号、文字、色彩的含义必须精确，不会产生歧义。②清晰性原则，指标识的图形要简洁，色彩要明朗，在视觉环境比较纷乱的地方更应如此。③规范性原则，指文字要规范，不用错别字、冷僻字。此外，标识的图形、位置、色彩必须符合规范标准，即用标准的图形、标准的色彩、标准的排列、标准的字形、标准的位置来统一众多的标识图形，从而形成鲜明的识别形象。④独特性原则，在标识图形符号的设计方面要有个性特点，便于与其他标识区别。⑤美观性原则，指视觉识别图形符号形象应亲切、动人、悦目，只有美的形象才能使人由衷地产生轻松自然的感觉。⑥系统性原则，室内标识设计应该让内部空间的标识成为一个完整的系统。

（2）室内标识的规范要求。除了以上室内标识设计的原则，针对室内标识的表现形式，还有一些约定俗成的规范要求必须注意。

①位置。室内标识一般应该设置在人流比较集中、可以短暂休息或比较醒目的地方，如出入口、转弯处、交叉处、休憩场所和楼梯口等位置，同时可考虑设置在背景不太复杂的地方，以减少视觉干扰。对于悬挂高度，应从人体工程学的角度出发，设置在人站立时的眼睛高度以上，视平线范围之内。

②外形。一般情况下，室内标识总是采用比较简洁的外形，以便人们迅速感知它的存在。但在选用时，应特别注意某些几何形状所代表的特定含义。例如，圆形表示警告，不准某种行为的实施；三角形表示规限，限定某种行为的实施；正方形或矩形常用于表达信息，表示引导、指示、告示等内容。

③色彩。室内标识的色彩有一些约定俗成的规则，在设计中要尽量遵守。例如，红色代表禁止或警告，黄色代表小心、注意，绿色代表紧急情况，黑色代表特殊规定，等等。

④材质。室内标识的用材范围很广，常见的有玻璃、木材、金属和化学材料等，其制作方法通常是印刷、镂刻、描画以及喷绘等。

（3）室内标识的设置形式。标识在室内空间中既要醒目，易于被发现，又不能占据过多空间，浪费空间面积，其设置形式大致分为以下几种。

①立地式，指在室内空间中运用各种材料与处理手法制作，立于地面的标识设置形式，其造型形态各异，种类非常丰富。

②壁挂式，指在室内空间中利用墙面贴挂的各类标识，这是标识最主要的设置形式。

③悬挂式，指在大中型室内空间中悬挂在顶棚上的各类标识，这种设置形式比较醒目，便于人们识别。

④屋顶式，指在建筑室内外环境中设置于屋顶的各类标识，其目的在于为室外的人群起引导和导向作用。

第三节 室内设计的方法和原理

一、室内设计的美学辨析

室内设计美的价值在于实用，是实用与审美的统一，首先在于满足人们对物质生活的需求，其次才是美的需求。因而，再美的室内设计如果不具备实用功能，也就失去了存在的价值和美的价值。室内设计作品的美绝不是为美而美，而是要"适得其中"，这是室内设计的基本美学特征。

室内设计不是纯艺术，与绘画艺术在创作的目的上有着根本差别和不同的评价标准。

室内设计具有精神领域的美学特征，有丰富的审美内涵。它是按照美的规律来造型，传达设计者的设计理念、创意，只有在充分揭示其美学价值时才能得以实现，它运用审美手段去表达设计主题，又通过审美去实现其传递信息的功能。

在艺术的认识、教育、审美三个作用方面，室内设计作品的审美作用占有突出地位，它主要通过审美创造活动达到认识、教育的作用，对人们的思想有潜移默化的影响，给人们以美的享受。

它依靠经过艺术处理的、富有感染力的室内空间形象和造型语言、质感，给人以强烈的、鲜明的视觉感受。一个毫无美感的、缺乏艺术感染力的室内设计作品难以完成它的最初使命。

室内设计艺术重要的美学特征在于"达意"，即正确、真实地表达室内空间本身的个性、特征，通过美表达出"真"（产品的真实可信）和"善"（产品的质地优良）。

"真"是美的基础，这是室内设计艺术表现的重要前提，在商品或服务信息的传递上一切要立足于真实，不虚假和伪善。

"善"是要表达室内空间设计的实用价值，是对社会、消费者的直接功利，实现了善，才可能有美的存在。

"美"必须建立在真、善的基础上，但美最终是为了真、善。只有三个方面高度统一，室内设计艺术的美才能得以充分体现。

二、室内设计的方法

室内设计以人为本，设计方案是否合理就是看能否解决人们实际生活中的室内环境问题。而设计方案最根本的问题是设计思维的来源。要想获得设计思维，首先应该进行科学而理性的分析。所以，我们应当在设计过程中找到一些设计方法，运用各种不同的方法营造出合理的空间，通过改善生活环境，提高生活质量。

（一）构思与表现

对一个设计的优劣评判往往在于它是否有一个好的构思，所以设计的构思、立意十分重要。设计的主题展现了设计的立意，而设计的主题千变万化，设计的立意要新颖、独特，要敢于标新立异。

设计者要充分利用室内空间，节约能耗，尽量采用无污染或污染少的装饰材料，协调人与自然之间的关系，创造和谐环境。这也是当代设计师共同关注、研究的课题。

艺术家在作画时往往先有立意，经过深思熟虑后才开始动笔。所以，设计师在创建一个较为成熟的构思时，要边构思边动笔，构思与表现同步进行，并在设计前期使立意、构思逐步明确下来。对于室内设计而言，构思要进行具有表现力的完整表达，最终使建设者和使用者都能通过图纸、模型、说明等全面地了解这个设计的意图。

（二）主体与细节

1.功能的主体与细节

把握功能的主体是指在设计时，思考问题和着手设计都应该有一个整体的空间概念，空间的规划应从总体出发，如在进行住宅设计时，首先应该考虑的是空间总体规划，首先确定主要的功能空间，其次确定次要的功能空间。

2. 形式的主体与细节

把握形式的主体与细节要遵循"对比统一"的美学原则，在整体的统一中把握细节的变化，同时应注意把握室内空间形式的主从关系，如在住宅设计中，各个空间的造型风格应统一，还要注意不同空间的细节变化。

三、室内设计的程序

（一）设计准备阶段

设计师接受甲方的委托任务书，签订合同。设计师在明确甲方的设计任务和要求之后确定设计的时间期限，调配相关各工种，并根据设计方案的总体要求做出计划安排。

设计师要熟悉与设计有关的规范和定额标准，搜集并分析必要的资料和信息，提出一个恰当合理的初步设计理念以及艺术表现方向。设计师还要根据不同室内的使用功能，创造与之相对应的环境氛围、文化内涵或艺术风格等。

（二）分析定位阶段

所谓设计的定位就是明确设计的方向，主要是根据外部建筑的特点、客户的各项要求、投资的多少和功能使用性质确定。设计师要将调查到的信息进行分类整理，然后加以分析和定位，确定设计的方向。对信息资料的合理处理、研究是确定方案的关键。

在设计方案构思时，设计师需要综合考虑结构施工、材料、设备等多种因素，运用各种装饰材料、设施设备和技术手段，然后规划一个完善、合理的功能分区平面图。

（三）发散性思维创意阶段

发散性思维是一种无逻辑规律的思维活动，灵感产生于瞬间，也消失于瞬间。在设计方案不确定时，每个想法都既独立又有联系，或许还能获得其他派生元素，所以用画笔捕捉瞬间的灵感是必然之举。

设计师通常都具备较强的造型能力，能够充分发挥想象力，展开思考，寻找适合设计定位的造型语言，将想象中的瞬间形态及结构迅速地描绘出来，从局部到整体，再由整体到局部。设计时，发散性思维按照这条思路进行，就能明确目标，对症下药，用一种现代、简洁、明快的表现手法营造出一种视觉感受之外的意境。

（四）方案推敲阶段

发散性思维的成果为方案的推敲提供了依据。设计师的主要工作是对所有的前期成果进行整理，并充实完善。对有些成果可以进行细部分析，确定后将它们定义在同一个范畴内，这就构成了设计方案的原型。这种定义的方式必须进行反复推敲，最终在这些重新组成的定义中找出最接近的设计方案进行定位。

前期成果从最初的一个概念、一个框架、一种假设变为更趋于合理的方案。室内设计在方案推敲阶段采用手绘比使用计算机更便捷，方案推敲的目的在于使方案趋于完善，并不追求绝对精确。

（五）设计初步阶段

设计初步阶段是指在推敲阶段之后进行的方案初步设计，主要包括表现整个空间规划的平面图，主要空间的顶棚、墙面设计图，主要空间的效果图以及设计说明。方案初步设计完成后，应与委托设计方进行充分沟通和交流，然后再进行方案修改调整。这个交流与修改的过程往往会有很多次反复，直至双方基本达成共识。

初步设计方案要求设计师与客户进行交流，方案的表现形式是关键问题，采用何种方法来表现应根据客户要求而定。部分客户是为了解设计方案理念、设计风格的大致方向而和设计师进行沟通、交流的，这时设计师可采用较简单的手绘表现方式；部分客户比较注重图的效果，希望更直观地了解设计方案的面貌，这时设计师可采用电脑绘制效果图的方式，尽量将室内各种家具、装饰、灯光、材质、色彩等制作得更贴近真实场景。

（六）设计深入阶段

在初步设计方案确定后，就要对方案进行深化处理，设计出所有空间的各个界面、家具、门、窗、隔断等，并再次与委托设计方交流，以确定最终设计方案。该阶段同样会出现多次交流和反复修改，直至最终完成整个设计。

（七）施工图制作阶段

要将设计图纸变为室内空间的实体，就必须通过施工团队依据设计图纸进行制作，这时要提供设计方案的制作方法。

（八）方案实施阶段

施工前，设计人员应向施工单位说明设计意图，对设计图纸要采用的各项技术进行沟通。施工期间，需要按设计图纸要求核对现场施工实际状况，查看匹配性，如果根据现场实况需要对图纸进行局部修改或补充，就由设计单位出具修改通知书，获得双方许可后及时进行修改。待施工工期结束后，施工方应绘制竣工图以供相关部门备案，并会同质检部门和建设单位进行工程竣工验收。

四、室内设计的基本原理

（一）室内设计的布局和流线

布局和流线是室内空间开始进入方案构思时首先要关注的问题。方案开始之前，我们需要对业主提供的任务书进行详细的分析，其内容包括了解业主的意图和要求、了解建筑的基本情况、明确工作范围及相应范围的投资额、明确材料配套的情况，并进行实地调研和收集资料。在此基础上，通过意向图将各种空间功能与实际空间位置结合起来，通常是在建筑平面图纸上画上圈圈来表示，这是对空间进行整体布局的初始过程。作为一个思考的过程，其往往是以比较潦草的手稿来表现的，但这一过程极为重要，有时需要反复推敲，不断地自我否定、自我变更，设计师的个人能力和风格都会在这一阶段得到较为全面的体现。

1. 室内布局的前提

就具体的室内空间而言，原建筑空间总会存在着诸如朝向、采光、通风、私密、开放、主次出入口等客观条件，而各种功能空间对这些方面的要求也各不相同。比如，财务室需要私密，接待室需要开放，某些展示空间要避免自然采光，而大多数工作空间却需要利用自然光线。总之，要将这些功能空间的具体需求尽可能地与建筑区位条件相结合，因地制宜，这也是前期区域布局构思的意义所在。此外，区域布局还与具体空间使用方式有关。比如，办公空间的经理办公室和财务室由于来往密切，在布置时需要尽量靠近；商场空间中每隔一定区位就必须设立一个收银台来满足顾客付款的需求。充分了解使用方后期在空间中的活动方式是合理进行区域布局设计的一个重要前提。

2. 室内设计的流线

对空间布局有了大致的构思以后，就必须根据需求给每个区域划分合适的面积，并利用合理的流线关系将各空间有效地组织起来。流线即人在空间中活动的路线，根据人流量的大小可分为主要流线和次要流线。组织空间序列首先要考虑主要流线方向的空间处理，当然还要兼顾次要流线方向的空间处理，前者应该是空间序列的主旋律，后者虽然处于从属地位，但可以起到烘托前者的作用，亦不可忽视。除此以外，还需要特别注重流线在组织过程中的艺术性表现。完整地经过艺术构思的空间序列一般包括序言、高潮、结尾。

（1）空间序列的特征。

①起始阶段。这个阶段为序列的开端，应予以充分重视，因为它与将要展开的心理推测有着习惯性的联系。

②过渡阶段。它既是起始后的承接阶段，又是出现高潮的前奏，在序列中起到承前启后的作用，是序列中比较重要的一环。

③高潮阶段。高潮阶段是全序列的中心，从某种意义上说，其他各个阶段都是为高潮的出现服务的，因此序列中的高潮经常是精华和目的所在，也是序列艺术的最高体现。

④终结阶段。由高潮恢复到平静，恢复正常状态是终结阶段的主要任务，良好的结束又似余音绕梁，有利于对高潮的联想，耐人寻味。

（2）空间布局注意事项。空间序列组织的不同会形成不同的空间关系，并且影响着活动人群对空间的整体感受，因此在组织空间布局时应充分考虑以下几个方面。

①流线的导向性。引导人们沿一定方向流动的空间处理方式，良好的交通流线设计不需要路标或文字说明牌，而是通过空间语言就可以明确地传递路线信息。

②序列长短的选择。这一点直接影响高潮出现的快慢。

③序列布局类型的选择。采取何种序列布局取决于空间的性质、规模和建筑环境等因素。序列布局一般有对称式、不对称式、规则式和自由式。空间序列线路一般分直线式、曲线式、循环式、迂回式、盘旋式和立交式等。

④高潮的选择。在整体空间中，通常可以找出具有代表性的、能反映空间性质特征和集中精华所在的主体空间，作为整个空间的高潮部分，成为参观来访者所向往的目的地。

⑤空间构图的对比与统一。一般来说，高潮阶段出现前后，空间的过渡形式应该有所区别，但在本质上还是基本一致的，以强调共性，通常以统一的手法为主。

成熟的设计师往往从布局和流线切入，很快把握整体空间的定位，并且由点及面，游刃有余地进行后期的深化设计。

（二）室内设计的空间限定和组合

室内设计一般要进行空间限定，这是空间设计的重要基础，空间各组成部分之间的关系主要是通过分隔的方式来体现的。对于室内空间采取哪种分隔方式，既要考虑空间的特点和使用要求，又要考虑空间的艺术特点和人的心理需求。分隔方式一般有绝对分隔、局部分隔、象征性分隔和弹性分隔四种类型。室内空间的围透关系实际上就是空间分隔和联系的对立统一关系。

从功能要求的角度看，人们在利用室内空间的时候，不可能把活动仅局限在一个空间内而不牵涉别的空间，空间与空间之间从功能上讲都不是彼此孤立的，而是互相联系的。从精神要求的角度看，室内空间艺术的感染力并不限于人们静止地处在某一固定点上或从单一空间内欣赏它，也在于人们在连续行进的过程中来感受它。空间之间的组合对整体空间感受来说显得尤为重要，空间的组合关系主要表现为空间内的空间、穿插式空间、邻接式空间以及由公共空间连起的空间等。

1. 空间的基本类型

要进行空间的限定和组合，首先要了解空间的基本类型。

（1）开敞空间。开敞空间是流动的、渗透的，其开敞的程度取决于有无侧界面、侧界面的围合程度、开洞的大小及启闭的控制能力等。开敞空间是外向型的，限定度和私密性较小，强调与周围环境的交流、渗透，讲究对景、借景以及与大自然或周围空间的融合。

（2）封闭空间。封闭空间是静止的、凝滞的，有利于隔绝外来的各种干扰，用限定性较高的围护实体包围起来，视觉、听觉等方面都具有很高的隔离性，区域感、安全感和私密性很强。

（3）动态空间。或称流动空间，往往具有空间的开敞性和视觉的导向性特点，能引导人们从"动"的角度观察周围事物。

（4）静态空间。静态空间一般形式比较稳定，采用对称式和垂直水平界面处理，与周围环境联系较少，趋于封闭型，多为对称空间，可左右对称，亦可四面对称，除了向心、离心以外，很少有其他的空间倾向，从而达到一种静态的平衡。

（5）虚拟空间。在室内设计中，通过界面质感、色彩、形状及照明等的变化，常常能限定空间。这些限定元素主要通过人的意识而发挥作用，一般而言，其限定度较低，属于一种抽象限定。虚拟空间就是一种既无明显界面又有一定范围的空间类型，它根据部分形体的启示，依靠联想来划分空间，所以又称"心理空间"。

（6）迷幻空间。此类空间的特点是追求神秘、新奇、光怪陆离、变幻莫测的超现实戏剧化效果，以形式为主，造成一种时空交错、荒诞诙谐之感。在手法的处理上力求五光十色、跳跃变幻，在色彩的表现上突出浓墨重彩。另外，线条讲究动势，图案注重抽象，有时还利用镜面反映的虚像，把人们的视线带到镜面背后的虚幻空间去，产生空间扩大的效果。

（7）固定空间。固定空间是一种功能明确、位置固定的空间，因此可以用固定不变的界面围隔而成，如目前居住空间中常将厨房、卫生间作为固定不变的空间。

（8）灵活空间。或称可变空间，指能根据不同使用功能的需求即刻改变形式的空间，如多功能厅。

2. 空间的基本形态

通常，各种类型的空间在原空间中会被各种限定元素限定出来，其采用的方法有围合、覆盖、凸起、下沉、悬架、穿插和质地变化等，由此产生了各种具体空间的基本形态。

（1）下沉式空间。室内地面局部下沉，在统一的室内空间中便产生了一个界限明确和富有变化的独立空间，由于下沉的地面标高比周围低，所以有一种隐蔽感、保护感和宁静感，使其成为具有一定私密性的小天地。

（2）地台式空间。与下沉式空间相反，将室内地面局部升高也会产生一个边界明确的空间，但其功能和作用几乎与下沉式空间相反，由于地面升高形成一个台座，与周围空间相比变得十分醒目和突出，所以其适宜用于引人注目的展示、陈列或眺望。

（3）内凹和外凸空间。内凹空间是在室内局部退进的一种空间形态，特别在住宅建筑中运用比较普遍，由于凹室通常只有一面开敞，所以在大空间中会少受干扰，形成安静的一角，如把天棚降低，形成清静、安全的氛围。

（4）回廊与挑台。这是室内空间中独具一格的空间形态，回廊常用于门厅和休息厅，以增强其宏伟、壮观的第一印象并丰富垂直方向的空间层次。

（5）交错、穿插空间。在这种空间中，人们上下活动交错川流，俯仰相望，静中有动，不但丰富了室内景观，而且给室内环境增添了活跃的气氛。

（6）母子空间。母子空间一般采用大空间内围隔出小空间的方式，并用封闭与开敞相结合的办法使空间的空旷感和私密性兼得。

（7）共享空间。共享空间的产生是为了适应各种频繁的社会交往和丰富多彩的生活需要，它往往处于大型公共建筑内的公共活动中心和交通枢纽区域，可以说是一个运用多种空间处理手法的综合体系。

3. 室内空间组合

室内空间组合首先应根据空间物质功能和精神功能的要求进行创造性构思。一个好的方案总是根据当时当地的环境，结合建筑功能要求进行整体筹划，分析主次矛盾，抓住关键问题，内外兼顾，从单个空间的设计到群体空间的序列组织，由外到内，由内到外，反复推敲，使室内空间组织达到科学性、经济性、艺术性、理性与感性的完美结合，创造出有特色、有个性的空间组合。

一般而言，不同空间之间的组织方式主要有以廊道为主的组织方式、以厅为主的组织方式、嵌套式组织方式、以大空间为主体的组织方式等几种，这几种方式各具特点，又经常被综合使用，形成丰富多彩的空间效果。

（1）以廊道为主的组织方式。这种组织方式的最大特点在于各使用空间之间可以没有直接的连通关系，而是借走廊或某一专供交通联系用的狭长空间来取得联系。使用空间和交通联系空间互相分离，这样既能保证各使用空间的相对独立和互不干扰，又能通过走廊把各使用空间连成一体，以保持必要的联系，如宾馆客房、办公楼、学校、疗养院等。

（2）以厅为主的组织方式。这种组织方式一般以某主体空间为中心大厅，各种使用空间呈辐射状与其直接连通。通过改变空间既可以把各使用空间的人流汇集于这个中心，又可以把人流分散到各使用空间中，使大厅负担起人流分配和交通联系的作用，成为整个建筑物的交通联系中枢。从大厅进入任意一个使用空间而不影响其他使用空间，能增强使用和管理上的灵活性。该组织方式比较适合人流集散量较大的公共场所，如大型商场、图书馆、火车站等。

（3）嵌套式组织方式。这种组织方式通过把各使用空间直接衔接在一起的形式组织联系空间，取消了专供交通联系用的空间。该方式可以保持空间各部分之间的连贯性，使各部分空间相互串联贯通，因此经常运用于以展示功能为主的空间布局中。

（4）以大空间为主体的组织方式。这种组织方式是在空间布局中以某一体量巨大的空间作为主体，其他空间围绕其周围布置，作为主体的空间往往在功能上较为重要，同时体量上也比较大，从而自然地成为整个建筑的中心。例如，宾馆和酒店的中庭、会议中心的大型报告厅等都可以设计成这样的主体空间。

（三）室内设计的形式美法则

如何把握实体要素的"形"在空间中的状态，使之理念化、秩序化，这就涉及具体的形式美方面的问题。空间形式美的规律，如我们平常所说的构图原则或构图规律，主要包括均衡、协调、韵律与节奏、统一与变化、对比与微差、重点与一般以及比拟和联想等，这些也是创造空间形式美时必不可少的方法。

1. 均　衡

我们在一个房间中走动时，对房间和其部件的构图感觉会有变化，当视点来回动时，我们所看到的空间透视也会随之变化。

均衡一般涉及室内空间构图中各要素前后左右之间相对关系的处理，包括静态均衡和动态均衡。静态均衡有两种基本形式：一种是对称的形式；另一种是非对称的形式。对称是极易达到的一种均衡方式，而且往往能取得端庄、严肃的空间效果。与此同时，设计师也会采用非对称的方法，使人们感到对称轴线的存在，两侧的处理手法又不相同，这种方法往往显得更加灵活生动。空间的均衡方式一般有对称式、放射式、非对称式。

（1）对称式。沿一条公共轴或对称轴安排相同的要素、统一的造型、一样的尺寸和相应的位置，以此得到对称式均衡。

（2）放射式。放射式均衡是将各部件围绕中心点布置，形成一种向心构图，将中央地带作为焦点加以强调。

（3）非对称式。为了获得一种微妙的视觉平衡，非对称构图必须考虑视觉分量和构图中每个要素的"力场"，并且运用杠杆原理去安排各个要素。通常，引人注意的是那些造型异常、色彩强烈以及有色质、肌理等特点的要素，能与这样的要素相抗衡的必须是效果较弱但体积较大的或距中心较远的要素。

2. 协　调

空间设计中最基本的要求就是将所有的设计因素和原则结合在一起去创造协调。当人们处于统一的空间中时，它们传达的是同样的信息。协调的意义即在于体现构图中各部分之间或各部分组合之间视觉的一致性，相似与不相似的各要素经过认真布置后协调而统一。

3. 韵律与节奏

韵律基于空间在时间要素中的重复——这种重复形成视觉上的整体感，引导人们的视觉、知觉在同一构图中，或环绕同一空间，或沿一条路线，做出连续而有节奏的运动与变化。

在设计实践中，韵律的表现形式很多，比较常见的有连续韵律、渐变韵律、交错韵律等，它们能产生不同的节奏感。

（1）连续韵律。连续韵律一般是以一种或几种要素连续、重复地排列而形成，各要素之间保持恒定的距离关系，可以无止境地连绵延长，往往给人以整齐划一的印象。

（2）渐变韵律。渐变韵律即按一定的规律时而增加，时而减小，如波浪起伏，或者具有不规则的节奏感，形成起伏的律动，这种韵律比较活泼且富于运动感。

（3）交错韵律。交错韵律是把连续重复的要素按一定的规律相互交织、穿插而形成的韵律。各要素相互制约，一隐一显，表现出一种有组织的变化。

4. 统一与变化

室内空间设计在强调空间的统一、均衡、协调和韵律的同时，不排除对变化与趣味的追求。均衡以及协调的本意就是要把构图中一些互不相干的特性与要素兼收并蓄，如非对称均衡可使尺寸、形态、颜色和质地不同的各要素获得平衡，具有相同特征的要素产生的协调同样允许这些同类要素具有统一中的变化。

5. 对比与微差

对比指的是要素之间的差异比较显著；微差指的是要素之间的差异比较微小。在室内设计中，对比与微差是常用的手法，对比可以借彼此之间的烘托突出各自的特点以求得变化；微差则可以借助相互之间的共性而求得和谐。没有对比，会使人感到单调，但过分强调对比，也可能因失去协调而造成混乱，只有把两者巧妙地结合起来，才能达到既有变化又充满和谐的效果。对比与微差主要体现在同一性质间的差异上，如大与小、直与曲、虚与实以及不同形状、不同色调、不同质地等。

6. 重点与一般

在室内设计中，从空间限定到造型处理乃至细部陈设和装饰都涉及重点与一般的关系。各种艺术创作中的主题与副题、主角与配角、主体与背景的关系也是重点与一般的关系的体现。

7. 室内空间整体感的形成

室内设计的形式美法则，一方面在于追求空间的艺术表现力，另一方面在于强调空间的整体性。室内整体感的形成对人来说是一个动态的综合过程，这一特性也说明为什么会在一个室内空间中反复比较统一与完整的视觉印象，因为在时间与运动中母题被不断重复，记忆被不断加深，印象也就越来越完整，整体感也随之越来越强烈。室内空间整体感的形成可以归纳为母题法、主从法、重点法和色调法等几种方法。

（1）母题法。在空间造型中，以一个主要的形式有规律地重复而构成一个完整的形式体系。

（2）主从法。在空间造型的构成中，其主要的设计要素有体量、方向、尺度等。这些要素要有主有从、主次分明。

（3）重点法。在室内空间中，重点突出的支配要素与从属要素共存，没有支配要素的设计将会使空间平淡无奇且单调乏味。

（4）色调法。所谓色调法，就是形成空间的基本色调，通过颜色来统一空间造型。

一般来说，功能是设计中最基本的层面，它反映了人们对室内空间舒适、方便、安全、卫生等各种实用性的要求。我们进行室内空间设计为的就是改善和满足室内空间的功能，使人们感到心理上的满足，继而上升到精神上的愉悦。因此，形式美的法则应在满足空间功能的前提下加以应用，以提升空间的艺术表现力。就其艺术感染性而言，形式美只涉及问题的表象，意境美才能深入问题的本质，形式美只抓住了人的视觉，意境美才能抓住人的心灵，但形式美是通往意境美的一条必经之路，也就是说，我们追求形式美的最终目的还是为了实现空间的意境美。

（四）室内空间造型与界面设计

室内空间形态创造的正确途径有三个方面：一是利用一切客观因素，结合功能需要提出新的设想；二是结合自然条件，因地制宜；三是创新结构形式，并充分考虑建筑布局与结构系统的统一变化。需要注意的是，建筑本身是一个完整的整体，外部体量和内部空间只是其表现形式的两个方面，它们是统一的、不能分割的。

在研究内部空间的同时，我们还应熟悉和掌握现代建筑外部造型的一些规律和特点。

（1）整体性——强调大的效果。

（2）单一性——强调简洁、明确的效果。

（3）雕塑性——强调完整独立的效果。

（4）重复性——强调单元化，"以一当十"，重复印象。

（5）规律性——强调主题符号贯穿始终。

（6）几何性——强调鲜明特性。

（7）独创性——强调建筑个性、地方性，标新立异，不与他人雷同。

（8）总体性——强调与环境结合。

以上特点都会反映和渗透到内部空间中，设计时需要有全局观，并合理地协调好内外空间的关系。

1. 空间造型的构图要素

室内空间是由点、线、面、体占据、扩展或围合而成的三维实体，具有形状、色彩、材质等视觉要素以及位置、方向、重心等关系要素。空间的形状直接影响到室内空间的造型，室内空间的造型又受到限定空间方式的影响。同时，空间的高低、大小、曲直、开合等也影响着人们对室内环境的感受。室内空间的形状可以说是由其周围物体的造型边界所限定的，综合室内各组成部分之间的关系，最终体现出室内空间的基本特征。空间造型的构成要素主要有线条、形状和形式、图案纹样、比例和尺度等。

（1）线条。线条包括垂直线、水平线、斜线、曲线等。在表现力上，垂直线刚强有力，具有严肃的或刻板的效果，会使人觉得空间较高；水平线使人觉得宁静、轻松，有助于增加房间的宽度，引起随和、平静的感觉；斜线好似嵌入空间中活动的一些线，具有波浪起伏式的前进状态，充满动感和方向感；曲线的变化几乎是无限的，由于曲线不断改变方向，所以极具动感。

（2）形状和形式。大多数室内作品表现的是各种形式的综合体，各种形状和形式互相补充、相得益彰。

（3）图案纹样。图案纹样千变万化，可以增加趣味，起到装饰的作用，对室内格调的确定也会产生重要影响。

（4）比例和尺度。室内空间是为适应人的行为和精神需求而建造的，因此在设计时应选择一个最合理的比例和尺度，满足人们生理与心理两方面的需要。有些室内空间可同时采用两种尺度，一是以整个空间形式为尺度，二是以人体作为尺度，两种尺度各有侧重，又有一定的联系，但人体的尺度因人的性别及年龄而存在差异，因此并不能当作一种绝对的度量标准。

2. 室内空间的常规界面设计

室内界面通常是指室内空间能直接看到和触摸到的六个面。室内界面的设计既有功能技术方面的要求，又有造型美观方面的要求。除了造型，材质的选用和界面也是很重要的，必须适应室内使用空间的功能性质，适合空间装饰的相应部位，并且符合时尚潮流的发展需要。

（1）界面设计的要求。一般来说，底界面、侧面界、顶界面设计的共同要求是耐久性和使用期限；耐燃性和防火性能（现代室内装饰应尽量采用不燃或难燃的材料，避免采用燃烧时释放大量浓烟和有毒气体的材料）；无毒（指散发气体和触摸时的有害物质低于核定剂量）；无害，低于核定放射剂量（如某些地区所产的天然石料，具有一定的氡放射量）；易于制作安装和施工，便于更新；必要的隔热保暖、隔声吸声性能；装饰及美观要求；相应的经济要求。

此外，界面装饰材料的选用应精心搭配，优材精用，除了要注意材料的组装和再利用以外，还要考虑便于施工、安装和更新等方面。在出产材料的地区，适当选用当地材料，能减少运输成本，相应降低造价，并使室内装饰具有地域风情。

（2）底界面的装饰设计。室内空间底界面一般是指楼地面。楼地面的装饰设计首先要考虑使用上的要求：普通楼地面应有足够的耐磨性和耐水性，并要便于清扫和维护；浴室、厨房、实验室的楼地面应有更高的防水、防火、耐酸、耐碱等能力；经常有人停留的空间，如办公室和居室等，楼地面应有一定的弹性和较小的传热性。对某些楼地面来说，也许还会有较高的声学要求，为减少空气传声，要严堵空洞和缝隙；为减少固体传声，要加做隔声层等。

楼地面面积较大，其图案、质地、色彩会给人留下深刻的印象，甚至影响整个空间的氛围，因此必须慎重选择和调配。楼地面的装饰材料种类很多，通常有水泥地面、水磨石地面、陶瓷砖地面、天然石地面、天然木地板地面、复合地板地面、PVC 卷材地面、橡胶地面、油漆地面、玻璃地面和地毯等。

（3）侧界面的装饰设计。侧界面包括墙、门窗、各种隔断、柱子等纵向的各个空间部分，是人在空间中视域最直接涵盖的部分，对整体空间的效果影响最大。从使用上看，侧界面可能会有防潮、防火、隔声、吸声等要求，在使用人数比较多的大空间内还要使侧界面下半部坚固耐碰，便于清洗，不致被人、推车、家具弄脏或撞坏。侧界面是家具、陈设和各种壁饰的背景，要注意发挥其衬托作用，如有大型壁画、浮雕或艺术挂毯，应注意其与侧界面的协调，保证总体格调的统一。

侧界面装饰材料通常有水泥砂浆、乳胶漆涂料、油漆涂料、墙纸、墙布、人造革及织锦缎饰面、铝板、塑铝板、防火板、PVC 板贴面、木夹板贴面、陶瓷面砖、花岗岩、大理石、镜面砖或玻璃等。

与实墙相比较，隔断限定空间的程度比较小，形式也更加灵活多样。有些隔断不到顶，因此只能限定空间的范围，难以阻隔声音和视线；有些隔断可能到顶，但全部或大部分使用玻璃或花格，阻隔声音和视线的能力同样比较差；有些隔断是推拉的、折叠的或拆装的，关闭时类似隔墙，可以限制通行，也能在一定程度上阻隔声音或视线，但可以根据需要随时拉开或撤掉，使本来被分隔的空间再连起来。隔断的常规形式一般有隔扇、罩、博古架、屏风、通透隔断、折叠隔断等。

第一，隔扇。传统隔扇多用硬木精工制作，上部称格心，可以做成各种花格，用来裱纸、裱纱或镶玻璃；下部称裙板，多雕刻吉祥如意的纹样，有的还镶嵌玉石或贝壳。

第二，罩。罩起源于中国传统建筑，是一种附着于梁和墙柱的空间分隔物。两侧沿墙柱向下延伸，落地者称为"落地罩"，具体名称往往依据中间开口的形状而定，如圆光罩（开口为圆形）、八角罩（开口为八角形）、花瓶罩（开口为花瓶形）、蕉叶罩（开口为蕉叶形）等。两侧沿墙柱向下延伸一段不落地者称"飞罩"，其形式更显轻巧。现代室内设计中，罩作为一种灵活、虚拟的空间分隔物依然被广泛应用，但造型更为简洁。

第三，博古架。博古架是一种既有实用功能，又有装饰价值的空间分隔物，实用功能表现为能陈设书籍、古玩和器皿，装饰价值表现为分格形式的美观精致，当代室内设计中很多用于分隔空间的橱柜都是由其演变而来的。

第四，屏风。屏风有独立式、联立式和拆装式三种。独立式靠支架支撑其直立，经常被作为空间的背景；联立式由多扇组成，可由支座支撑，也可以绞接在一起，或拆装成锯齿形状而直立。

第五，通透隔断。通透隔断是由杆件、玻璃或花饰等要素构成的，可以限定空间范围，具有很强的装饰性，大都不阻隔声音和视线。

第六，折叠隔断。折叠隔断可以用木材、玻璃、铝合金等材料制作，隔扇的宽度一般为 40～80 cm，隔扇顶部的滑轮可以放在每扇的正中，也可以放在扇的一端。前者由于支撑点与扇的重心重合在一条直线上，地面上设不设轨道都可以；后者由于支撑点与扇的重心不在一条直线上，故一般在顶部和地面同时设轨道，这种方式适用于较窄的隔扇。

另外，在空间的侧界面中，有些部分虽然面积不大，但对空间起着画龙点睛的作用，有时还会成为侧界面的视觉重点，如门、窗、柱子等。门的种类很多，按材料分，有木质门、钢门、铝合金门和玻璃门等；按用途分，有普通门、隔声门、保温门和防火门等；按开启方式分，有平开门、弹簧门、推拉门、转门和自动门等。柱子的造型一般要与整个空间的功能性质相一致，在娱乐场所可以华丽新颖，在办公场所要简洁明快，在候机厅、候车厅、地铁等场所应坚固耐用，有一定的现代感。柱子过高、过细时，可将其横向分段；柱子过矮、过粗时，可采用竖向划分，以减弱短粗的感觉；柱子粗大且很密时，可用光洁的材料，如用不锈钢、镜面玻璃做柱面以弱化它的存在，或让它反射周围的景物，从而融入整个环境中。

（4）顶界面的装饰设计。顶界面几乎毫无遮挡地暴露在人们的视线内，是三种界面中面积较大的一种界面，并且包含了许多设备设施，会极大地影响环境的视觉效果与使用功能，所以设计时必须从环境性质出发，综合各种要求，强化空间特色。设计时首先要考虑空间的功能要求，特别是照明和声学方面的要求，这在剧场、电影院、音乐厅、美术馆、博物馆等建筑中尤为重要。顶界面上的灯具、通风口、扬声器和自动喷淋、烟感等设施也应纳入设计的范围，设计时要特别注意灯具的配置，因为这既影响空间的体量感和比例关系，又能使空间具有或豪华、或朴实、或平和、或活跃的不同气氛。

顶部吊顶通常有平顶、造型顶两种形式，有时也可以直接暴露原建筑结构顶和设备管线，利用深色涂料弱化顶面的视觉效果，辅以局部吊顶形成空间的三维关系。顶界面常用的装饰材料一般有石膏板、矿棉板、硅钙板、水泥板、金属压型板、金属穿孔板、铝扣板、塑铝板、金属板、铝格栅、木质夹板、涂料、墙纸、墙布、PVC 板等。

五、室内设计的思潮

在国际上，现代室内设计的主流思潮大都起源于欧美国家。18 世纪，各种古典主义的形式开始在欧洲复兴，并陆续延展到世界各地，人们认识到古典建筑的艺术价值远远超越了巴洛克建筑与洛可可建筑的艺术价值。19 世纪后半叶，资本主义在西方获得成功后，出现了各种建筑形式，希腊、罗马、拜占庭、中世纪、文艺复兴和东方情调的建筑在城市中杂然并存。一些新建筑类型、新建筑材料、新建筑技术的出现造成了 19 世纪下半叶空间艺术的混乱，并推动了折中主义的形成。折中主义的本质就是盲目重塑过去的东西。

随着工业革命的到来，城市和建筑空间出现了一系列新的问题，工业化城市因生产集中出现了人口的过度膨胀，另外，科学技术的进步、新的社会生活的需要、新建筑类型的出现，对空间形式提出了新的要求。这些因素推动了人们对新的建筑空间形式和美学方面的积极探索，工艺美术运动、新艺术运动、芝加哥学派等文化活动冲击着传统的文化理念，也给设计带来了丰富多元的思潮。

（一）理性主义

理性主义是指形成于两次世界大战之间的，以格罗皮乌斯及勒·柯布西耶等人为代表人物的欧洲的"现代主义"。理性主义因为十分强调功能，所以也有"功能主义"之称，又因其不论在何处均以一色的方盒子、平屋顶、白粉墙、横向长窗的形式出现，又被称为"国际式"。由于讲求技术精美，理性主义成为战后第一个阶段（20世纪40年代末至20世纪年代下半期）占主导地位的设计思潮，最先流行于美国。理性主义在设计方法上属于比较"重理性"的一类，人们常把密斯·凡·德·罗设计风格中的纯净、透明与施工精确的钢和玻璃方盒子作为这一风格的代表。二战后，这种风格依然占据一定地位。

理性主义的设计原则有下列几点。

（1）要创时代之新，强调突破旧传统，主张创造新功能、新技术，特别是新形式。

（2）建筑与空间具有艺术与技术的双重性，提倡两者结合，同时重视功能和空间组织，主张发挥结构构成本身的形式美。

（3）反对外加装饰，提倡美应当和适用以及建造手段（如材料与结构）结合，造型要简洁。

（4）尊重材料的性能，讲究材料自身的质地和色彩的搭配效果。

（5）强调非传统的以功能布局为依据的不对称的构图手法。

（二）粗野主义

粗野主义（Brutalism，也译为"野性主义"）是20世纪五六十年代喧噪一时的建筑空间设计倾向，其美学根源是战前现代建筑中对材料与结构的"真实"表现，主要特征在于关注材质本身的特点。

粗野主义最主要的代表人物是二战后设计风格有所改变的勒·柯布西耶，马赛公寓可被看作这种风格的典型案例。1952年，勒·柯布西耶理想中的"联合公寓"落成，这是一座长 165 m、宽 24 m、高 56 m、18 层的大型钢筋混凝土建筑体，可容 337 户约 1 600 个人居住。它完全依据"新建筑五要点"和"不动产别墅"的要求建造。它的底部被高高架起，可用于停车，屋顶是空中花园，还设有幼儿园、托儿所、儿童游戏场、游泳池、健身房和一条 300 m 长的环形跑道。第八、九层还有商店、餐馆、邮局等公共服务设施。20世纪30年代后，柯布西耶逐渐调整了追求机器般简洁、精致的纯粹主义设计观，增加了感情色彩在设计中的应用。这座大楼的外观直接将带有模板印迹的混凝土的粗糙表面暴露在外，许多地方还做凿毛处理，这是粗野主义美学观在建筑设计领域最早的体现。

（三）典雅主义

典雅主义主要出现在美国，致力运用传统的美学法则使现代的材料与结构产生规整、端庄与典雅的庄严感。它的代表人物主要为美国的约翰逊、斯通和雅马萨基等一些第二代的建筑师。因为他们的作品使人联想到古典主义或古代的建筑形式，所以典雅主义又称"新古典主义""新帕拉蒂奥主义"或"新复古主义"。典雅主义在某些方面具有讲究技术精美的倾向，但它更关注钢筋混凝土梁柱体系在形式上的精美呈现。20世纪60年代下半期，典雅主义的潮流开始降温，但由于它比较容易被人接受，故至今仍时而出现。

由斯通设计的新德里美国驻印度使馆庄严、雄伟，采用了新材料和新技术，集中体现出斯通"需要创造一种华丽、茂盛而又非常纯洁与新颖的建筑"的观念。这个长方形的建筑建在一个大平台上，前面是一个圆形水池，平台下面是车库，水池上方悬挂着铝制的网片用于遮阳。这个外观端庄典雅的建筑成功地体现了当时美国想在国际上表现出的既富有又技术先进的形象。

美籍日裔建筑师雅马萨基主张建造"亲切与文雅"的建筑，他受到日本建筑的启发，再结合美国的现实情况为美国韦恩州立大学设计了麦格拉格纪念会议中心，该建筑的外廊采用了与折板结构一致的尖券，形式典雅，尺度宜人。

（四）工业主义

工业主义是指设计具有高度工业技术的倾向，以及那些不仅在建筑空间中坚持采用新技术，而且在美学上极力鼓吹表现新技术的倾向。广义地说，其包括战后"现代建筑"在设计方法中所有"重理性"的方面，特别是以密斯·凡·德·罗为代表人物的讲求技术精美的倾向和以勒·柯布西耶为代表人物的粗野主义倾向。确切地说，工业主义在20世纪50年代末才活跃起来，其把注意力集中在创新地使用预制的装配型标准构件方面。

1970年在大阪世界博览会中展出的由黑川纪章设计的Takara Beautilion实验性房屋就是现实主义的代表作品。整幢房屋由一种被重复地使用了200次的构件构成，它是一根按常规弧度弯成的钢管，每12根组成一个单元，它的末端还可以继续连接新的构件与新的单元。因而，这个结构事实上是可以无限延伸的。

在单元中可以插入由工厂预制的不同功能的可供居住、生产或工作用的座舱，或插入交通系统、机械设备等。这幢房屋的装配只用了一个星期，而把它拆除也只需要差不多的时间。

（五）多元论

战后在设计领域出现了人情化与地方性的倾向和各种追求"个性"与"象征"的尝试，也出现了被统称为"有机的"建筑或"多元论"建筑。其设计方法是战后现代建筑中比较"偏情"的一种，它既讲技术又讲形式，并在形式上强调自己的特点。多元论开始于20世纪50年代末，到20世纪60年代盛行，其根源和人情化与地方性一样，是对两次世界大战之间的现代建筑在建筑风格上千篇一律、客观共性的一种反抗。讲求"象征"的倾向是为了使每一座房屋与每一个场地都具有不同于其他建筑的个性和特征，其标准是要使人见后就难以忘记。

芬兰的阿尔托被认为是北欧人情化和地方性的代表人物，他有时用砖、木等传统建筑材料，有时用新材料和新结构。在采用新材料、新结构和机械化施工时，他总是尽量把它们处理得"柔和些"和"多样些"，就像阿尔托在战前曾为了消除钢筋混凝土的冰凉感，在上面缠上藤条，或为了避免机器生产的门把手有生硬感，而将其造成像人手捏出来的样子那样。在建筑造型上，他也不限于直线和直角，喜欢用曲线和波浪形；在空间布局上，他主张不要一目了然，而要多层次、有变化，让人在进入的过程中逐步发现；在房屋体量上，他强调人体尺度，反对"不合人情的庞大体积"。芬兰的珊纳特塞罗市政厅的主楼就是体现阿尔托设计理念的代表作。

（六）未来主义

未来主义者认为，20世纪的工业、科学、交通的发展突飞猛进，人类精神世界的面貌发生了根本性的变化，机器和技术、速度和竞争已成为时代的主要特征。因此，他们宣称追求未来，主张和过去截然分开，否定以往的一切文化成果和文化传统，鼓吹在主题、风格等方面采取新形式，以符合机器和技术、速度和竞争的时代精神。未来主义者强调自我，非理性、杂乱无章和混乱是其设计风格的基本特征。路易斯·康和西萨·佩利是这一观点的代表性人物，他们的作品都有着独特的室内空间，但两人的作品有时也很难被归类于某种特定的风格。

路易斯·康1947年开始在耶鲁大学任教，在设计行业内，他作为一名突出的理论哲学家，比他作为建筑设计师更为出名。他的第一个重要作品是耶鲁大学美术馆，美术馆楼面都是开敞的空间，顶棚做得很特殊，是用混凝土结构板做成的三角形格子，四层楼有一个封闭的电梯和楼梯用于连接，从中我们可以看到其深深地关注着材料的表现和光的展示形式以及创造室内空间自然状态的方法。另一案例是纽约州罗切斯特的唯一神教堂，一组多用途房间围绕着教堂的中央圣殿，光线从圣殿顶部突出的高窗射进。教堂内多数位置都看不见窗，光线仿佛是从神秘的不可见的地方进入，空间是朴素的，石墙带有简单灰色，但杰克·尼诺·拉尔森用明亮色彩编织的挂毯而令人感到愉快，与有限色彩相关的光创造了强烈的运动气氛。

西萨·佩利是一位世界级大师，是许多大工程的建造者，他设计的室内空间似乎是大建筑物的副产品。1972 年，他设计了东京的美国大使馆，这是一座用镜面玻璃和铝外包的长方体建筑；1984 年，他作为纽约现代艺术博物馆的建筑师，设计了一个相邻的公寓塔楼，采用玻璃围合的中庭空间形式，里面用自动扶梯联系各展览层；在纽约巴特里公园城的世界金融中心，佩利也设计了一组相似的塔式建筑；"冬季花园"的内部则暗示了著名的 1851 年的水晶宫。

（七）高技派

高技派设计师声称，所有现代工程中 50% 以上的费用都应是由供电、电话、管道和空气质量服务系统产生的，如加上基本结构和机械运输（电梯、自动扶梯和活动人行道），技术可以被看作所有建筑和室内的支配部分。这种观点使这些系统在视觉上明显地和最大限度地呈现出来，这导致了高技派设计的特殊形式。

最著名和最容易接近高技派设计理念的建筑工程是法国巴黎的蓬皮杜中心，它由意大利人伦佐·皮亚诺和英国人理查德·罗杰斯的项目班子合作设计。这座巨大的多层建筑在外部暴露并展示了其结构、机械系统和垂直交通（自动梯），西边暗示了正在施工的建筑脚手架，而东边则暗示了炼油厂或化工厂的管道。内部空间同样显示了头顶的设备管道、照明设备和通风管道系统，而这些设备管道过去一般都是习惯于隐藏在结构中的。

詹姆斯·斯特林被认为是高技派倾向的英国建筑师。剑桥大学历史系大楼是他的设计作品，该楼大部分面积用作图书馆，里面有一大型的回廊式中庭，顶部设玻璃天窗。此种机械的结构表现再次衬托了巨大的室内空间特征。这幢主要用作图书馆的建筑，有几层能俯瞰开敞的中庭，外墙用玻璃围合，突出的封闭窗能让人向下看到展厅空间。

（八）后现代主义

后现代主义是 20 世纪 50 年代以来欧美国家（主要是美国）继现代主义之后前卫美术思潮的总称，其概念最早出现在建筑领域。后现代主义实际上是现代主义连续发展的一个新的方向，倾向于避免逻辑和秩序，它反映了现代世界中的逻辑似乎已在逐渐消失。

罗伯特·文丘里在《建筑的复杂性和矛盾性》一书中发展了后现代主义的设计理论。书中指出现代主义运动所热衷的简单与逻辑是后现代运动的基石，也是一种限制，它将导致最后的乏味与令人厌倦。文丘里 1964 年为母亲范娜·文丘里在费城郊区的栗子山设计的住宅是第一个具有后现代主义特征构想的重要证明，其基本的对称布局被突然的不对称改变，室内空间有着出人意料的各种夹角，打乱了常规方形的转角形式，家具是传统的和难以形容的，而非常见的经典式或现代式。随着职业生涯的进展，文丘里开始接受重大建筑工程的设计任务，他的室内设计普遍显示出后现代主义古怪矛盾的特征，如宾夕法尼亚州立大学的一个教工餐厅，有着带装饰孔的幕墙，室内挑台上有缩短了的拱券形的洞，一盏装饰性的灯具俯瞰着平静的餐厅和设计传统的椅子。

摩尔是最知名的美国后现代主义设计大师之一，他的代表作品是 1977～1978 年与佩里兹合作为路易斯安那州新奥尔良市的意大利移民所建的意大利广场。这是一个像从周围建筑中雕刻出来的圆形广场，一股清泉从"阿尔卑斯山"流下，浸湿了"意大利半岛"的长靴，流入"地中海"，而移民们的故乡"西西里岛"位于广场的正中心，一系列环状图案由中心向四周发散，寓意鲜明。

广场周围有色泽鲜明的柱廊，用不锈钢以水喷的方式做成造型，虚虚实实。《纽约时报》曾评论其是"打在古典派脸上的一记庸俗的耳光"，是"一种欢欣，几乎是对古典传统歇斯底里般高兴的拥抱"。

（九）晚期现代主义

有一种摒弃后现代主义特征而继续忠于早期现代主义观念的设计潮流，即晚期现代主义。晚期现代主义并不模仿现代主义，而是现代主义的发展。

贝聿铭的作品被认为是晚期现代主义的典型案例。华盛顿特区国家美术馆东馆建筑以控制主要中庭空间的三角形为基础，天窗屋顶由三角形格子结构形成，几层挑台俯瞰着主要的开敞空间，并为七层的画廊和其他次要空间提供通道，一个由亚历山大·考尔德设计的巨大活动雕塑将鲜艳的红色引入由大理石面组成的无色彩的空间中。

著名的设计家查尔斯·格瓦思米和理查德·迈耶都倾向于在设计的作品中坚持现代主题的简洁性、几何形式和整体上不用装饰细部的主张。迈耶的设计工程项目逐渐国际化，德国乌尔姆的市政厅是在旧城空间内的一所综合性建筑，它位于一个广场上，其弧形和白色形式与对面的中世纪大教堂塔楼产生明显的对比，其开敞空间穿过建筑中央，为办公室和公共空间提供了通道。室内充满了从三角形山墙天窗上射入的光线，透过窗子可看见大教堂塔楼，从而保持了古典建筑和现代建筑之间的联系。

（十）解构主义

未建成的解构主义作品的图样和模型是断裂、松散、撕开后混乱地重新组合起来的形象，它旨在将任何文本打碎成部分以提示表面上不明显的意义。

埃森曼根据复杂的解构主义几何学发展了他的设计作品，他的一个完整的室内设计方案是名为"人工挖掘的城市"的作品展，由加拿大建筑中心组织，布置在加拿大蒙特利尔的展览馆中，展品布置在传统老建筑的新展廊中，该展廊是在重叠希腊十字形的基础上进行设计的，四壁采用强烈的色彩以确定方案中分离的主题。绿色代表加利福尼亚长滩，玫瑰色代表柏林，蓝色代表巴黎，金色代表威尼斯，复杂的形式和强烈的色彩使这一布置成为展览中最重要的部分。

美国建筑大师盖里是解构主义建筑家中最突出的一位，其解构主义成名作是1978年建成的位于加利福尼亚州圣莫尼卡的自用住宅。他将构成房屋的一些元素分散，再随意重组，如门口的一级级台阶都被仔细地区分开，再漫不经心却恰到好处地堆在门口，最上一级台阶还"不小心"捅进了大门。这座标新立异的建筑确立了盖里的风格，即"将一个工程尽可能多地拆散成分离的部分"，这也是解构主义建筑共有的基本特征。

第四节　室内空间设计手法

一、室内空间的基本知识

（一）室内空间概念

与人有关的空间有自然空间和人为空间两大类。人为空间是人们为了达到某种目的而创造的。这类空间是由"界面"围合的，底下的称"底界面"，顶部的称"顶界面"，周围的称"侧界面"。根据有无顶界面，人们又将人为空间分为外部空间和内部空间两种。人的大部分活动都是在室内空间进行的，其形状、大小、比例、开敞与封闭的程度等直接影响室内环境和人们的生活质量。

室内空间的作用不仅在于供人使用，还在于它可能具有很强的艺术表现力，空间是有精神功能的。如果再进一步对其进行装修和装饰，并把若干个空间组合起来，构成有机体，形成一个序列，还会让使用者完成艺术体验的全过程。

（二）室内空间类型

按空间的形成过程分类，室内空间可分成固定空间和可变空间。固定空间，顾名思义是指由墙、柱、楼板或屋盖围成的空间，它是基本不变的，而在固定空间内用隔墙、隔断、家具、陈设等划分出来的空间是可变空间。组成可变空间是空间处理中的一项重要内容，因为正是这些空间直接构成了人们从事各种活动的场所。

按空间的灵活程度分类，室内空间分为单纯空间和灵活空间。在现代社会，人们的生产、工作和生活方式不断变化，功能单一的空间很难适应现代社会的需要，为此必须逐步改变传统、静态的设计观，代之以动态的设计观，设计更加灵活的空间。

按空间限定的程度分类，室内空间可分为实空间和虚空间。有些空间范围明确，具有较强的独立性，人们便常把它们称为"实空间"。有些空间不是用实墙围合的，而是用花槽、家具、屏风等划分出来的，这种空间便是人们常说的虚空间。虚空间的基本特征是用非建筑手段构成，处于实空间之内，但又具有相对的独立性。虚空间的作用主要表现在两个方面：一是在实际功能方面，二是在空间效果方面。从实际功能上看，它能够为使用者提供一些相互独立的小空间。从空间效果上看，它能够使空间显得丰富多彩，更富有变化和层次。

（三）室内空间的分隔与联系

1. 空间的分隔

空间的分隔要注意处理好不同空间的关系和不同层次的分隔。建筑物的承重结构是空间的固定分隔因素，因此在划分空间时应特别注意它们对空间的影响。非承重结构的分隔材料，如各种轻质隔断、落地罩、博古架、帷幔、家具、绿化等在分隔空间时应注意其构造的牢固性和装饰性。

2. 空间的联系

空间的联系是处理好不同空间关系的一种手段。联系空间可以是两个空间之间的模糊空间，也可以是从属于某个空间，通常称之为灰空间。

（1）过渡室内空间：公共性—半公共性—半私密性—私密性；开敞性—半开敞性—半封闭性—封闭性，室外—半室外—半室内—室内。过渡的目的常和空间艺术的形象处理有关，要想达到诗情画意的境界，恐怕都离不开过渡空间。

（2）室内空间引导作用。灰空间还常作为一种艺术手段，起到空间引导作用。例如，狭长走廊尽头一端有景台，可以起到引导作用，并消除空间带来的压迫感。

二、室内空间设计手法的倾向

与传统设计手法相比，现代室内空间设计中出现了更新的理念和创意。

（一）室内空间形体弱化及模糊倾向

在现代室内空间设计中，玻璃以及其他透明性材料的运用是广泛而重要的设计手法。界面围合形成空间，而界面的缺失往往可以改变空间的特征，形成不同程度的开放空间。透明面兼具开放和封闭表面的双重特征，具有通透感。当代建筑设计中，很多大型公共空间都采用大面积的玻璃幕墙，营造通透的视觉效果。线形元素的运用（如格栅）使空间富有韵律美，线形元素形成半通透的虚界面，在分隔空间的同时，保障视线畅通无阻，线形元素形成的实界面，带给空间指向性。在室内空间中，将围合表面分解为大量离散线性表面，赋予空间强烈的速度感和动态的时空感受。

（二）多层化倾向

当代的室内空间中，双层或多层界面的设计手法得到大量应用。重叠的界面形成凹凸和阴影，产生体量的虚实变化，体现室内空间尺度。多重界面互相嵌套、渗透，能够将多个室内空间联系起来，从而打破空间中实体的感觉，划分空间。地面高差变化也可以丰富空间层次，造成表面起伏的效果。目前，出现了大量以"编织"为特色的"编织建筑"，其手法运用到室内空间中，便出现了以编织形态为特色的室内界面形式。编织界面形成的韵律形成视觉上的美感，使室内空间更具审美性。

（三）界面的媒体化倾向

网络化、数字化逐渐渗透到人们生活的各方面，这使建筑的媒体化成为必然。现代商业的发展使艺术的影响扩展到商业展示空间及其他公共空间之中。在"读图时代"的今天，图片、色彩在室内界面得到更多的运用。网络化使视觉因素（图片和影视图像）成为最直接的表现手段。人们可以轻易地获得某个建筑的影像图片资料，并利用这些二维的画面对建筑形体、三维空间进行评价。"读图时代"的时代特征与商业需求共同推动了文字、图片和影视图像在室内设计中的应用。

三、室内空间界面设计

（一）室内空间界面设计原则

整个室内空间是一个完整的有机体，要充分考虑它们的个体特征与室内整体面貌的内在关联性，注重装饰形式的变化与统一，烘托出实体环境的设计形态，使室内空间充满生机。

造型设计涉及形状、尺度、色彩、图案与质地，其基本要求是切合空间的功能与性质，符合并体现环境设计总体思路。总之，界面与部件的装饰设计要遵循以下几点原则。

1.安全可靠，坚固适用

界面与部件大都直接暴露在大气中，会受到物理、化学、机械等因素的影响而有可能降低自身的坚固性与耐久性，因此在装饰过程中常采用涂刷、裱糊、覆盖等方法加以保护。室内设计中一定要认真解决安全可靠、坚固适用的问题。

2.造型美观，具有特色

要充分利用界面与部件的设计强化空间氛围，使空间环境能体现应有的功能与性质。要利用界面与部件的设计反映环境的民族性、地域性和时代性，如用不锈钢、镜面玻璃、磨光石材等使空间更具时代感。在界面和部件上往往有很多附属设施，如通风口、烟感器、自动喷淋系统、扬声器、投影机、银幕和白板等，这些设施往往由其他工种设计，直接影响使用功能与美感。因此，室内设计师一定要与其他工种密切配合，让各种设施相互协调，以保证整体上的和谐与美观。

3. 优化方案，方便施工

针对同一界面和部件，可以提出多个装修方案，要从功能、经济、技术等方面进行综合比较，从中选出最为理想的方案。要考虑工期的长短，尽可能使工程早日交付使用。还要考虑施工的简便程度，尽量缩短工期，保证施工的质量。

4. 选材合理，造价适宜

选用什么材料不但关系到功能、造型和造价，而且关系到人们的生活与健康。要充分了解材料的物理特性和化学特性，切实选用无毒、无害、无污染的材料。要注意考虑材料的软硬、冷暖、明暗、粗细等特征，一方面要切合环境的功能要求，另一方面要结合材料的自身表现力，努力做到优材精用、普材巧用、合理搭配。要注意选用竹、木、藤、毛石、卵石等地方性材料，达到降低造价、体现特色的目的。

（二）室内空间界面设计内容

1. 顶棚设计

顶棚作为空间的顶界面，最能反映空间的形态及关系。设计者应综合考虑建筑的结构形式、设备要求、技术条件等方面，来确定顶棚的形式和处理手法。顶棚作为水平界定空间的实体之一，对界定、强化空间形态、范围及各部分空间关系有重要的作用。顶棚的艺术处理可以起到突出重点，增强空间方向、秩序与序列感、宏大与深远感等艺术效果的作用。

从其与结构的关系来看，顶棚一般分为显露结构式、半显露结构式和掩盖结构式。其中，后两种形式主要通过吊顶设计来完成，而前两种顶棚形式与后一种顶棚形式相比，既节约材料和资金，又可以达到美观和环保的效果，因此被广泛使用。总之，顶棚设计，特别是吊顶设计，往往涉及造型、色彩、材质等多种设计手法。

2. 地面设计

（1）地面造型设计。一般情况下，室内地面为水平面，为区别不同地面区域，可采用分格处理和图案装饰处理的方法。分格是选择加工好的块材，在现场进行拼铺，在公共空间的中心或趣味部位，利用不同颜色的块材，通过几何图形组合拼装，能起到装饰效果。装饰图案分具象和抽象两种，选择哪种取决于空间装饰的整体氛围。还可以利用室内地面的高差变化来选择造型，可设计成升抬式、下沉式地面。

（2）地面色彩设计。地面色彩应与墙面、家具的色调相协调，常用色彩有暗红色、褐色、深褐色、米黄色、木色以及各种浅灰色和灰色等。

（3）地面光艺术设计。地面的肌理形态与色彩的变化可通过室内顶光或侧光投射出的光影图形及光源色彩来实现，渲染室内空间整体氛围。根据室内空间性质、光影投射纹样及光源色彩可以随时更换，以增强室内地面设计装饰效果。地面的光设置除了具有导向作用以外，还能被作为地面装饰图案。

（4）地面材质设计。石材具有抗压、耐久、耐磨、坚实、古朴、稳重的特点，可获得凝重、庄严的室内艺术效果，选择时可根据室内装饰风格及色彩做合理搭配。木材具有弹性适度、行走舒适、纹路天然、韵味自然等特点，可应用于不同风格的地面设计。瓷砖质地密实，耐磨，有纹理，色彩丰富，易清洁，尺寸规格统一，施工方便，近年来被广泛采用。玻璃的块状或砖状可用来装饰室内地面，增添奇幻、透亮的效果。地毯兼具实用性与美观性，能够营造高贵、典雅、华丽、舒适的室内环境。此外，除采用同种材料外，也可采用两种或多种材料的组合。

3. 墙面、隔断设计

（1）墙面设计。墙面造型设计重在虚实关系处理。墙面设计应根据不同墙面特点，虚中有实，实中有虚。可以通过墙面图案处理进行墙面设计，并运用分格、组合构图或凹凸变化来构成立体效果。另外，墙面造型设计还应正确地显示空间的尺度和方向感。高耸空间的墙面多适合采用横向分割处理的方法，这样可改变其在视觉心理上的空间高度。

将光作为墙面的装饰要素，一是通过在墙面设不同形态的洞口或窗，将自然光与空气引入。光与色彩、空间、墙体、水面、地面奇妙地交错在一起，形成墙面和空间虚实、明暗和光影形态的变化，同时将室外景观引入室内，增加室内空间活力。二是通过墙面人工照明设计，营造空间特有气氛。

（2）隔断设计。在室内设计中，往往需用隔断分隔空间和围合空间，隔断除了具有划分空间的作用以外，还能增加空间的层次感。此外，墙面设计还应综合考虑墙体结构、造型和墙面上所依附的设备等因素。更重要的是，应始终将整体空间构思、立意贯穿其中，使墙面设计合理、美观，同时呼应及强化设计主题。

第五节 室内设计与人体工程学

一、人体工程学的含义与发展方向

人体工程学起源于欧美，最早出现在波兰。1857年，波兰人亚司特色波夫斯基第一个建立了 Ergonomics 体系。此后，美国的泰勒、吉尔布雷斯夫妇，德国的敏斯特伯格都对人体工程学这一学科进行了研究与测试。1949年，英国成立了劳动学学会，主要目的是研究生产劳动规律，使其最佳化，这一阶段被称为经验人体工程学时期。

20世纪60年代，科学技术迅猛发展，计算机技术不断普及，系统学科、集成技术和人工智能的开发研究，汽车制造与航空事业的空前发展，都为人体工程学提供了广阔的应用空间。

时至今日，社会发展到信息时代，以人为本、为人服务的思想已经贯穿到我们的日常生活和生产活动中。通过考古发现我们可以知道，人类从洞穴时期就开始考虑尺寸与人体的关系，但人体工程学作为一门独立的学科只有近50年的历史。

英国是世界上最早开展人体工程学研究的国家，但学科的奠基性工作实际上是在美国完成的。所以，人体工程学有"起源于欧洲，形成于美国"之说。两次世界大战是人体工程学发展的重要刺激因素，尤其是在第二次世界大战中，飞机、航空母舰等大量新装备投入使用，其操作控制的复杂程度是空前的。若不能很好地解决人机的适应问题，就会导致大量安全事故与效率低下问题的发生。美国空军从实验心理学的角度出发进行人类知觉分析，并将研究成果应用到装备中，收到了良好的效果。军事领域中对"人的因素"的研究和应用，使科学人体工程学应运而生。

人体工程学在其自身的发展过程中逐步打破了各学科之间的界限，并有机地融合了各相关学科的理论，不断地完善自身的基本概念、理论体系、研究方法以及技术标准和规范，从而形成了一门研究和应用范围都极为广泛的综合性边缘学科。因此，它具有现代各门新兴边缘学科共有的特点，如学科命名多样化、学科定义不统一、学科边界模糊、学科内容综合性强、学科应用范围广泛等。

人体工程学是一门充满人性化考虑的学科。该学科研究和应用的范围极其广泛，它所涉及的各学科、各领域的专家、学者都试图从自身的角度给本学科命名和下定义，因而世界各国对本学科的命名不尽相同，即使同一个国家对本学科名称的提法也不统一，甚至有很大差别。

　　国际人体工程学会对人体工程学的定义是研究人在某种工作环境中的解剖学、生理学和心理学等方面的因素，研究人和机器及环境的相互作用，研究在工作中、生活中和休假时怎样统一考虑工作效率、人的健康、安全和舒适等问题的学科。《中国企业管理百科全书》将人体工程学定义为研究人和机器、环境的相互作用及其合理结合，使设计的机器与环境系统适合人的生理、心理等特点，达到提高生产效率，让人更安全、健康和舒适的目的的学科。

　　综上所述，人体工程学是以人的生理、心理特性为依据，应用系统工程的观点，分析研究人与机械、人与环境以及机械与环境之间的相互作用，为设计操作简便、省力、安全、舒适，人、机、环境的配合达到最佳状态的工程系统提供理论和方法的学科。因此，人体工程学可被定义为按照人的特性设计和改善人、机、环境系统的学科。

（一）人体工程学具体含义说明

　　人、机、环境的具体含义如下。人指操作者或使用者，机泛指人操作或使用的物，可以是机器，也可以是用具、工具或设施、设备等。在室内设计中，机主要指各类家具及与人关系密切的建筑构件，如门、窗、栏杆、楼梯等。环境是指人、机所处的周围环境，如作业场所和空间、物理化学环境和社会环境等。

　　人、机、环境系统是指由共处于同一时间和空间的人与其所使用的机以及它们所处的周围环境所构成的系统。人、机、环境之间相互依存、相互作用、相互制约。人体工程学的特点是学科边界模糊，学科内容综合性强，涉及面广。人体工程学的研究对象是人、机、环境系统的整体状态和过程。人体工程学的任务：机器的设计和环境条件的设计要适应于人，保证人的操作简便省力、迅速准确、安全舒适、心情愉快，充分发挥人机效能，使整个系统获得最佳经济效益和社会效益。

（二）人体工程学在室内设计领域的发展方向

　　人体工程学在室内设计领域的发展方向是通过对人体的正确认识，以人为中心，根据人的生理结构、心理形态和活动需求等综合因素，使室内环境达到最优化组合。

　　（1）为确定人在室内活动中所需的空间提供依据。划定成年人与儿童的活动尺度、动作域、心理空间以及人际交往的空间等空间范围和尺度。

　　（2）为确定家具、设施的形体、尺寸及使用范围提供依据。家具设施的形体、尺寸必须以人体活动尺度为主要依据。同时，为了使用方便，这些家具和设施周围必须留有活动和使用的必要余地。这些要求都可由人体工程学科学地满足。

（3）为设计适应人体的室内物理环境提供科学标准。室内物理环境主要有室内热环境、声环境、光环境、重力环境、辐射环境等。人体工程学通过计测得到的数据对室内光照设计、色彩设计、视觉最佳区域设计等都是必要的。

二、人体基本尺度及应用

（一）人体基本尺度

人体基本尺度是设计师进行设计时必须考虑的基本因素。人的身体会因年龄、健康状况、性别、种族、职业等不同而有显著差异，因此设计室内场所时，必须考虑这些方面的差异对设计产生的影响。

室内设计的服务对象是人，室内环境中的每一处设施都是供人使用的，因此室内设计要掌握人在各种状态下的人体尺度，了解人体的构造以及构成人体活动的主要组织系统。

人体尺寸包括构造尺寸和功能尺寸两大类。构造尺寸是指静态的人体尺寸，是在人体处于固定的标准状态下测量的。功能尺寸是指动态的人体尺寸，是人在进行某种功能活动时肢体所能达到的空间范围，是在运动的状态下测得的。相对而言，功能尺寸比较复杂。

1. 静态尺度

静态尺度是人体处于固定的标准状态下测量的尺寸，主要为人体各种装具设备提供数据。

常用的 10 项构造尺寸为身高、体重、座高、臀部至膝盖长度、臀部的高度、膝盖高度、膝弯高度、大腿厚度、臀部至膝弯长度、肘间宽度。

立：人体站立是一种基本的自然姿态，是由骨骼和无数关节支撑而成的。

坐：人体躯干结构的功能是支撑上部身体重量和保护内脏不受压迫。当人坐下时，骨盆与脊椎的关系推动了原有直立姿态时的腿骨支撑关系，人体的躯干结构就不能保持平衡，人体必须依靠适当的座平面和靠背倾斜面获得支撑并保持躯干的平衡，人体骨骼、肌肉在人坐下来时能获得合理的松弛形态，为此人们设计了各类坐具以满足坐的状态下的各种使用活动。

卧：卧的姿态是人希望得到的最好的休息状态。不管站立和坐，人的脊椎骨骼和骨肉总会受到压迫。卧的姿态可使脊椎得到松弛。从人体骨骼、肌肉结构来看，卧不能被看作站立姿态的横倒，其所处动作姿态的腰椎形态位置是完全不一样的，只有把"卧"作为特殊的动作形态来认识，才能真正理解"卧"的意义。

2. 动态尺度

动态尺度是指人在进行某种功能活动时的人体尺度。人体的动作形态相当复杂而又变化万千，蹲、跳、旋转、行走等都会使人体显示出不同形态并具有不同的尺度和不同的空间需求。

3. 百分位的尺寸

人体尺寸存在很大的变化，它没有某一确定的数值，而是分布在一定的范围内，如亚洲人的身高是 151 ~ 188 cm，而设计时只能用一个确定的数值，并且不能像一般理解的那样用平均值。百分比表示具有某一人体尺寸和小于该尺寸的人占统计对象总人数的百分比。大部分人体测量数据是按百分比表达的，把研究对象分成 100 份，根据一些指定的人体尺寸项目，从最小到最大顺序排列，进行分段，每一段的截止点即为一个百分位。以身高为例，第 5 百分位的尺寸表示有 5% 的人身高等于或小于这个尺寸，换句话说就是有 95% 的人身高大于这个尺寸；第 95 百分位表示有 95% 的人等于或小于这个尺寸，5% 的人更高。统计学研究表明，任意一组特定对象的人体尺寸，其分布规律符合正态分布规律，即大部分属于中间值，只有一小部分属于过大和过小的值，它们分布在范围的两端。在设计上满足所有人的要求是不可能的，但必须满足大多数人，所以必须从中间部分取用能够满足大多数人的尺寸数据并将其作为依据。一般是舍去两头，只涉及中间 90%、95% 或 99% 的大多数人，而具体排除多少取决于排除的后果和经济效果。

4. 人体尺度的应用原则

（1）极限设计原则。极限设计原则的主要内容包括设计的最大尺寸，参考人体尺寸的低百分位；设计的最小尺寸参考人体的高百分位。例如，门洞高度、栏杆扶手高度、床的长度等应取男性人体高度的上限并且适当加上人体动态的余量进行设计；踏步高度、挂钩高度应按女性人体的平均高度进行设计。

（2）可调原则。设计优先采用可调式结构。一般调节范围应从第 5 百分位到第 95 百分位。

（3）平均尺寸原则。设计中采用平均尺寸计算（多数专家不主张按平均尺寸设计）。我国幅员辽阔，人口众多，人体尺度随年龄、性别、地区的不同而有所变化，同时随着时代的进步、人们生活水平的提高，人体尺度会随之不断发生变化，因此只能将平均值作为设计时的相对尺度依据，但其不是绝对标准尺度，具有一定的灵活性。

（二）室内常用人体工程学尺度

1. 人体尺度

常用室内尺度如下。

支撑墙体：厚度 0.24 m。

室内隔断墙体：厚度 0.12 m。

大门：高 2.0 ～ 2.4 m、宽 0.90 ～ 0.95 m。

室内门：高 1.9 ～ 2.0 m、宽 0.8 ～ 0.9 m，门套厚 0.1 m。

厕所、厨房门：宽 0.8 ～ 0.9 m、高 1.9 ～ 2.0 m。

室内窗：高 1.0 m，窗台距地面高 0.9 ～ 1.0 m。

室外窗：高 1.5 m，窗台距地面高 1.0 m。

玄关：宽 1.0 m、墙厚 0.24 m。

阳台：宽 1.4 ～ 1.6 m、长 3.0 ～ 4.0 m。

2. 常用家具尺度

（1）卧室。

单人床：宽 0.9 m、1.05 m、1.2 m，长 1.8 m、1.86 m、2.0 m、2.1 m，高 0.35 ～ 0.45 m。

双人床：宽 1.35 m、1.5 m、1.8 m，长、高同上。

圆床：直径 1.86 m、2.125 m、2.424 m。

衣柜：厚 0.6 ～ 0.65 m，柜门宽 0.4 ～ 0.65 m，高 2.0 ～ 2.2 m。

（2）客厅。

沙发：厚 0.8 ～ 0.9 m，座位高 0.35 ～ 0.42 m，背高 0.7 ～ 0.9 m。

单人式：长 0.8 ～ 0.9 m。

双人式：长 1.26 ～ 1.50 m。

三人式：长 1.75 ～ 1.96 m。

四人式：长 2.32 ～ 2.52 m。

（3）茶几。

小型长方：长 0.6 ～ 0.75 m，宽 0.45 ～ 0.6 m，高 0.33 ～ 0.42 m。

大型长方：长 1.5 ～ 1.8 m，宽 0.6 ～ 0.8 m，高 0.33 ～ 0.42 m。

圆形：直径 0.75/0.9/1.05/1.2 m，高 0.33 ～ 0.42 m。

（4）书房。

书桌：厚 0.45 ～ 0.7 m（0.6 m 最佳）、高 0.75 m。

书架：厚 0.25 ～ 0.4 m，长 0.6 ～ 1.2 m，高 1.8 ～ 2.0 m，下柜高 0.8 ～ 0.9 m。

（5）餐厅。

椅凳：座面高 0.42 ～ 0.44 m，扶手椅内宽 0.46 m。

餐桌：中式一般高 0.75 ～ 0.78 m，西式一般高 0.68 ～ 0.72 m。

（6）厨房。

橱柜作台：高 0.89 ～ 0.92 m。

平面作区：宽 0.4 ～ 0.6 m。

抽油烟机与灶的距离：0.6 ～ 0.8 m。

（7）卫生间。

盥洗台：宽 0.55 ～ 0.65 m，高 0.85 m，盥洗台与浴缸之间应留约 0.76 m 宽的通道。

淋浴房：宽 0.9 m，长 0.9 m，高 2.0 ～ 2.0 m。

抽水马桶：高 0.68 m，宽 0.38 ～ 0.48 m，进深 0.68 ～ 0.72 m。

（三）商业室内常用人体工程学尺度

1. 墙面尺度

（1）踢脚板：高 80 ～ 200 mm。

（2）墙裙：高 800 ～ 1 500 mm。

2. 餐厅

（1）餐桌：高 750 ～ 790 mm。

（2）餐椅：高 450 ～ 500 mm。

（3）餐桌转盘：直径 700 ～ 800 mm。

（4）餐桌：间距（其中座椅占 500 mm）应大于 500 mm。

（5）主通道：宽 1 200 ～ 1 300 mm。

（6）内部工作通道：宽 600 ～ 900 mm。

（7）酒吧台：高 900 ～ 1 050 mm、宽 500 mm。

（8）酒吧凳：高 600 ～ 750 mm。

3. 商场营业厅

（1）单边双人走道：宽 1 600 mm。

（2）双边双人走道：宽 2 000 mm。

（3）双边三人走道：宽 2 300 mm。

（4）双边四人走道：宽 3 000 mm。

（5）营业员柜台走道：宽 800 mm。

（6）营业员货柜台：厚 600 mm，高 800～1 000 mm。

（7）陈列地台：高 400～800 mm。

（8）敞开式货架：高 400～600 mm。

（9）放射式售货架：直径 2 000 mm。

（10）收款台：长 1 600 mm，宽 600 mm。

4. 饭店客房

（1）标准面积：大 25 m²，中 16～18 m²，小 16 m²。

（2）床：高 400～450 mm，宽 850～950 mm。

（3）床头柜：高 500～700 mm，宽 500～800 mm。

（4）写字台：长 1 100～1 500 mm，宽 450～600 mm，高 700～750 mm。

（5）行李台：长 910～1 070 mm，宽 500 mm，高 400 mm。

（6）衣柜：宽 800～1 200 mm，高 1 600～2 000 mm，深 500 mm。

（7）沙发：宽 600～800 mm，高 350～400 mm，背高 1 000 mm。

（8）衣架：高 1 700～1 900 mm。

5. 卫生间

（1）卫生间：面积 3～5 m²。

（2）浴缸：长度一般有 1 220 mm、1 520 mm、1 680 mm 三种，宽 720 mm，高 450 mm。

（3）坐便：棉结 750 mm×350 mm。

（4）冲洗器：面积 690 mm×350 mm。

（5）盥洗盆：面积 550 mm×410 mm。

（6）淋浴器：高 2 100 mm。

（7）化妆台：长 1 350 mm、宽 450 mm。

6. 会议室

（1）中心会议室：会议桌边长 600 mm。

（2）环式高级会议室：环形内线长 700～1 000 mm。

（3）环式会议室服务通道：宽 600～800 mm。

7. 交通空间

（1）楼梯间休息平台：净高等于或大于 2 100 mm。

（2）楼梯跑道：净高等于或大于 2 300 mm。

（3）客房走廊：高等于或大于 2 400 mm。

（4）两侧设座的综合式走廊：宽度等于或大于 2 500 mm。

（5）楼梯扶手：高 850～1 100 mm。

（6）门的常用尺寸：宽 850～1 000 mm。

（7）窗的常用尺寸：宽 400～1 800 mm。

（8）窗台：高 800～1 200 mm。

8. 灯具

（1）大吊灯：最小高度 2 400 mm。

（2）壁灯：高 1 500～1 800 mm。

（3）反光灯槽：最小直径等于或大于灯管直径两倍。

（4）壁式床头灯：高 1 200～1 400 mm。

（5）照明开关：高 1 000 mm。

三、人体工程学与室内设计的关系

（一）人体工程学促进室内设计质量提升

引入人体工程学之后，室内设计被提升到科学、理性层面，有了实际有形的衡量标准，大大改善了室内居住以及工作环境，大大提升了人们的生活质量。人体工程学对室内设计的主要贡献在于它将传统室内设计中的感性因素进行量化，使室内设计有迹可循、有据可依。尽管人体工程学这门学科最初并不是为促进室内设计进步而发展起来的，但是其在室内设计中的广泛应用对整个室内设计行业以及人类文明的进步有着深远意义。

（二）人体工程学对室内设计观念的影响

人体工程学对室内设计的深远意义还表现在其对室内设计观念的影响。一是人体工程学将科学的态度引入室内设计理念中。人体工程学的引入带来了室内设计理念的颠覆，将科学、严谨的观念渗透到设计师的灵魂之中，使设计师在设计时优先考虑设计的适用性。二是将整体的概念带入室内环境设计理念之中。人体工程学将环境概括为一个有机整体，并认为室内各种因素都是相互联系、密不可分的。人体工程学的这种思维方式为室内设计带来新理念，促进了整体效果的统一。

四、人体工程学在室内设计中的应用

（一）为确定人和人际活动所需空间提供依据

根据人体工程学有关计测数据，从人体尺度、人体动作域和活动空间、心理空间、人际交往空间等方面进行研究，确定人在各种活动中所需空间。

（二）为家具、设施的设计及其使用所需空间提供依据

一切家具、设施都是为人服务的，其形体尺度必须以方便人的使用为原则，因此家具、设施的设计应以人体尺度为基本设计依据，同时科学地确定出人在使用家具、设施时所需的最小空间，尤其当空间狭小或人长时间停留时，这方面的要求更加强烈。

（三）为创造适应人体的室内物理环境提供科学的设计依据

室内物理环境设计（如热环境、声环境、光环境等）是室内设计的重要内容。人体工程学的有关计测数据，如人的视力、视野、光感、色觉、听力、温度感、压感、痛感等，可以为室内物理环境设计提供科学的设计参数，以创造适应人体生理及心理特点的室内环境。

（四）为创造符合人们行为模式和心理特征的室内环境设计提供重要的参考依据

对人的心理特征和行为习性的研究对室内空间组织、人流组织、安全疏散、家具设施布置等方面具有重要启示作用，如商店往往采用开敞式的入口和橱窗设计，以便吸引顾客。

第二章 室内设计常见空间类型分析

第一节 居住空间的室内设计

一、居住空间设计的基本知识

普通居住空间的室内设计必须考虑一些家庭的基本因素：一是家庭人口构成（人数、成员之间关系、年龄、性别等）；二是民族和地区的传统、特点以及宗教信仰；三是职业特点、工作性质（如动、静、室内、室外、流动、固定等）和文化水平；四是业余爱好、生活方式、个性特征、生活习惯、经济水平和消费的分配情况等。总体而言，确保安全、有利于身心健康以及具有私密性是居住空间室内设计与装饰的前提。

（一）居住空间的设计要求和措施

1.使用功能布局合理

布局是空间在功能使用上是否合理的关键。对于居住空间而言，要使布局合理就必须充分了解日常家居生活的基本流程、各种家用设施的使用要求、业主的个人喜好和家庭状况，然后再组织空间流线，如此才能做到对空间的合理利用。

2.风格造型整体构思

室内设计整体构思是指在设计开展之前必须先考虑将家庭环境装饰成什么风格，其造型特征是什么，这需要从总体上根据家庭人员的职业特点、人口组成、经济条件和家中业余活动等进行考虑，然后通盘设计，确定风格及其定位。

3. 色彩与材质搭配

当居住空间的基本功能布局成型，并且完成了造型和艺术风格上的整体设想后，就需要从整体构思出发，设计或选用室内地面、墙面和顶面等各个界面的色彩和材质，确定家具和室内纺织品的色彩和材质，并使它们相互和谐统一。

4. 重点突出与空间利用

住宅的室内空间虽然大多不大，但从功能合理、使用方便、视觉愉悦以及节省投资等方面综合考虑，仍需要突出装饰的投资重点。例如，入口的门厅、走道的面积不大，但会给人留下第一印象，因此应从视角和选材等方面深入思考。另外，客厅是家庭团聚会客使用最为频繁的空间，也是家庭活动的中心，其地面、墙面、顶面等各界面的色彩与选材应反复推敲，重点设计。

5. 绿色环保与低碳节能

居住空间装饰材料的选用应按照无污染、不散发有害物质的绿色环保型装饰要求选择，装饰材料必须通过国家安全检测标准，这关系着每个家庭成员的身心健康。另外，随着全球能源消耗和污染问题的日益严重，低碳节能已成为与每个人息息相关的事宜，居住空间的室内设计应充分考虑这方面的要求。

（二）居室设计中不同空间的具体要求

1. 客　厅

客厅是家庭团聚、起居、休息、会客、娱乐的空间，具有多功能的特点。设计时，必须根据家庭的面积标准和实际需要（聚餐、会客、工作、学习等）综合考虑。一般来说，客厅是居住建筑中使用活动最为集中、使用频率最高的核心室内空间，所以它在家庭室内造型风格、环境氛围方面常常起主导作用（图 2-1）。

此外，客厅家具的配置和选用在居住空间氛围的烘托中起着非常重要的作用，因此家具的选择应从整体出发，与空间风格协调统一，地面、墙面、顶棚等各个界面的设计要与总体风格一致。

图 2-1 客厅

2. 餐厅

餐厅的位置应靠近厨房，可以是单独的房间，也可以是用轻质材料隔断或以家具分隔成相对独立的用餐空间。通常，家庭餐厅宜营造亲切、淡雅的氛围。餐厅中除设置就餐桌椅外，还可设置餐具橱柜、酒柜等（图 2-2）。

图 2-2 餐厅

3. 卧室

卧室是居住空间中最具私密性的地方，应位于住宅平面布局的尽端，不被贯穿，即使在一室户的多功能居室中，床位也应尽可能地布置于房间的尽端或一角，营造恬静、温馨的睡眠空间（图 2-3）。

图 2-3　卧室

在多居室的居住空间中，通常一间为主卧室，其余为老人或儿童卧室、客房等。主卧室一般设置双人床、床头柜、衣橱、休息座椅等家具，根据卧室平面面积的大小和房主的使用要求，还可设置梳妆台、工作台等家具。如果卧室外侧通向阳台，那么可将卧室设计成能与室外环境交流的空间。

4. 厨　房

现代居住空间设计应为厨房创造洁净明亮、操作方便、通风良好的氛围，具备直接采光与通风的对外开窗，并且在视觉上给人以井井有条、愉悦明快的感受。

在设计厨房时，设施、用具的布置需要充分考虑人体工程学中的人体尺度、动作域、操作效率、设施前后左右的顺序以及上下高度的合理配置。例如，厨房的各个界面应考虑防水和易清洗，通常地面可采用陶瓷类同质地砖，墙面用陶瓷面砖或防水涂料，顶面用扣板或防水涂料。另外，厨房的照明应注意灯具的防潮处理，也可设置灶台的局部照明（图 2-4）。

图 2-4　厨房

5. 卫生间

卫生间一般靠近卧室的位置，同样具有较高的私密性。面积比较小的住宅常把浴、厕、漱洗置于一室；面积大或标准较高的住宅可采用浴厕间单独分隔的布局；多室户或别墅类住宅常设置两个或两个以上的卫生间。卫生间的室内环境要整洁，平面布置应紧凑合理，设备与各管道的连接要可靠，并且便于检修。

卫生间中各界面材质应具有比较好的防水性能，又要易于清洁，尤其是地面防滑极为重要，可选用陶瓷类同质防滑地砖。墙面可为瓷质墙面砖、石材、玻璃、马赛克等，吊顶除需有防水性能外，还要考虑便于对管道进行检修，如设活动顶格、硬质塑料扣板或铝合金扣板等。为使卫生间异味不入其他居室，可以设置排气扇，使浴厕间室内形成负压，气流由居室流入浴厕间（图2-5）。

另外，居住空间中常见的房间还有书房、棋牌室、健身房等，这些都可根据不同房间的功能需求进行空间设计。

图2-5　卫生间

二、居住空间设计的典型案例分析

这是一套典型的三房两厅两卫公寓型房，将作为婚房，年轻的房主希望打破方正、呆板的格局，使空间具有一种灵活和富于变化的浪漫气息，除满足各类空间的常规生活需求外，女主人特别要求设置独立的储衣空间。另外，该房屋为框架式结构，除承重墙外的墙体可以拆除重置（图2-6）。

方案开始之前必须进行案例分析。首先，从未来空间使用者的角度来看，"新婚夫妇"意味着家庭结构相对简单，追求一种自我的生活品质，适宜现代简约的形式感和亮丽的色彩设计。另外，对主卧、客厅、书房、厨房、餐厅等与自身生活密切相关的空间的舒适性要求颇高，而客卧、客卫作为一种补充，也不可或缺，考虑到以后可能有孩子，为了方便家里老人过来居住，其必须满足基本的功能需求。

图 2-6　三房两厅两卫公寓型房

从建筑空间的现状看，一般建筑设计阶段已对室内空间进行了一些限定，但这样的空间格局显然存在诸多局限，如厨房、餐厅和门厅均偏小，一旦放置家具就会显得拥挤；在公寓房中，客厅中的家具通常是周边式放置的，而该客厅空间开有四个门洞，缺少整墙面用以放置沙发和视听设备等。另外，客卫偏大，主卫偏小，安置专门的储衣空间难度比较大。

该空间的最终设计方案以一个位于中心位置的"圆"来组织：将餐厅、门厅、客厅和书房组合成一个既各自独立又相互联系的整体；将原厨房和餐厅合并，使厨房面积增加，并使门厅成为独立的空间，餐厅和客厅之间为迎合"圆"的造型，也要用矮扶手隔断，以实现视觉通透、区域独立；书房的两边隔墙均为玻璃并加可调节的百叶帘，随时可控制书房与客厅之间的通透度和私密度；卫生间马桶的位置牵涉到下水管道的连接，不宜调整，可将两个卫生间之间的隔墙折一个角，确保主卫中马桶的位置不变，但主卫空间增大至能够放置浴缸，同时客卫比较自然地形成淋浴空间；"中心圆"的形式在客厅和主卧之间形成了"空缺"空间，恰到好处地和主卧连接，成为独立的储衣空间，同时由于圆形具有强烈的向心性，客厅区域自然而然地成为整个空间的视觉中心和序列高潮。此外，弧形墙面和平直墙面之间夹角形成的厚墙体可开洞做成壁龛，具有强烈的装饰性，可满足多方位的灯光氛围需求。

第二节　办公空间的室内设计

办公空间的室内环境根据使用性质可分行政办公（如各级政府机关、社会团体、企事业单位的办公空间）、专业办公（如设计、科研、商业、贸易、金融、投资信托等行业的办公空间）、综合办公（如商场、金融、餐饮娱乐设施等单位的办公空间）等。

一、办公空间的布置类型

根据办公体系和管理功能的要求，办公空间的布置类型大致有以下几种。

（一）小单间办公室

小单间办公室是比较传统的间隔式办公室，其室内环境较宁静，少受干扰，办公人员之间容易建立较为密切的人际关系，但缺点是空间不够开阔，办公人员与相关部门以及办公组团之间的联系不够方便（图2-7）。

图2-7　小单间办公室

（二）大空间办公室

大空间办公室即开敞式或半开放式办公室，其有利于办公人员、办公组团之间的联系，能提高办公设施和设备的利用率，减少公共交通面积，缩小人均办公面积，大大提高办公空间面积的利用率（图2-8）。

图2-8　大空间办公室

（三）单元型办公室

除文印、资料展示等服务用房为公共使用之外，单元型办公室具有相对独立的办公功能，其内部空间通常分隔为接待会客、高级管理人员办公、普通员工办公等空间，是相对独立的部门办公形式（图2-9）。

图2-9　单元型办公室

（四）公寓型办公室

公寓型办公室即公寓楼或商住楼中的办公空间，主要特点为办公场地兼具类似住宅的盥洗、就寝、用餐等使用功能。其所配置的使用空间除有与单元型办公室类似的使用空间，提供接待会客、各类办公功能外，还有卧室、厨房、盥洗等使用空间（图2-10）。

图2-10　公寓型办公室

二、办公空间的具体要求

办公空间各类用房的整体布局、面积配比、综合功能、安全疏散等方面的设计要求包括以下几方面。

（1）室内办公、公共服务以及附属设施等各类用房之间的面积分配比例、房间的大小和数量，均应根据办公楼的使用性质、建筑规模和相应标准来确定，大楼的核心面积（楼梯、电梯、垂直交通厅以及附属设施用房）以及走道面积多占标准层面积的23%～35%。

（2）对各办公房间所在的位置以及层次进行安排时应考虑将对外联系较为密切的部分（空间）布置在出入口或靠近出入口的主通道处，如接待区、会客室以及一些具有对外性质的会议室和多功能厅，人数多的厅室还应注意安全疏散通道的组织功能。

（3）综合型办公室不同功能的联系与分隔应在平面布局和分层设置时予以考虑，当办公与商场、餐饮、娱乐等组合在一起时，应将不同功能区域的出入口尽可能地单独设置，以免干扰。

（4）从安全疏散和有利于通行等方面考虑，袋形走道远端房间门至楼梯口的距离不应大于 22 m，且走道过长时应增设采光口，单侧设房间的走道净宽应大于 1.3 m，双侧设房间时走道净宽应大于 1.6 m，走道净高不得低于 2.1 m。根据室内人均所需的空间容积以及办公人员在室内的空间感受，办公室净高一般不低于 2.4 m。

（5）办公室平面布置时应考虑办公人员使用家具、设备时所需要的活动空间尺度，各工作位置应依据功能要求的排列组合方式以及房间出入口至工作位置、各工作位置之间相互联系的室内交通过道的设计进行合理安排，各工作位置之间、组团内部和组团之间既要联系方便，又要尽可能地避免过多穿插，以减少人员走动对办公环境的干扰。

（6）从节能和有利于心理感受角度考虑，办公室应具有天然采光，采光系数窗地面积比应不小于 1∶6（侧窗洞口面积与室内地面面积比），办公室的照明度标准为 100～200 lx，工作面可另加局部照明。

三、办公空间的组成

按办公空间各类房间的功能性质划分，房间的组成以及基本要求如下。

（一）普通办公室

其平面布局形式取决于办公楼本身的使用特点、管理体制、结构形式等，具体类型有小单间办公室、大空间办公室、单元型办公室、公寓型办公室等。设计时，可根据具体要求对办公家具的布局以及整体氛围的设定进行把握。

（二）工作间

一些具有专业性质的工作室，如设计绘图室，除了家具的规格、布置方式和光照方面的要求必须符合专业特征的相应要求外，空间组织和界面设计等方面均可参照一般办公室的处理方法。

（三）经理室

经理室为单位行政管理人员的办公场所，具有个人办公、接待等功能，其平面位置应以办公楼内少受干扰的尽端为宜。根据主管办公室的规格和管理功能的需要，有时还可配置秘书间和接待区。

（四）会议室

会议室中的平面布局主要根据房间的大小、出席会议的人数和会议举行的方式来确定；会议家具的布置要考虑人们使用会议家具时所需的活动空间和交往通行的尺度，这是会议室室内设计的基础。

（五）公共用房

公共用房为外部人员交往或内部人员聚会等用房，如会客室、接待室、阅览展示厅、多功能厅等。一般而言，外部交往空间宜设置在主要出入口处，内部聚集空间宜设置在内部交通流线的集中处。

（六）服务用房

服务用房指办公楼中用于提供资料、收集信息、编制、交流等的用房，如资料室、档案室、文印室、电脑室、晒图室等。通常，这些空间应设置在人员方便到达的区域。

（七）附属设施用房

附属设施用房指为办公楼工作人员提高生活以及环境设施服务的用房，如开水间、卫生间、电话交换机房、变配电间、空调机房、锅炉房以及员工餐厅等。这些空间一般在建筑中已经设置安排，室内设计时需要注意与它们之间的合理衔接。

第三节　休闲娱乐空间的室内设计

一、休闲娱乐空间设计的基本知识

休闲娱乐性质的空间类型多种多样，常见的有餐饮饭店、歌厅、舞厅、休闲健身、桑拿洗浴等。这类空间设计的风格多样，设计师可发挥的余地很大，并且具体的设计形式根据空间的不同性质差异也非常大。

（一）餐饮饭店

餐饮空间的室内组成主要为营业前场和厨房后场。营业前场一般布置有服务台、就餐位、备餐柜等，座位形式也有多种样式可供选择，如四人台、六人台、八人台以及方桌座、圆桌座等。为了尽可能地提高座位的利用率，交通流线要简练顺畅，区域划分要明显，能够营造良好的空间氛围。厨房后场的设计要点是功能性强和方便清洁。另外，营业前场和厨房后场必须有单独的出入口，各自成一体。餐厅主要分为以下几种。

1. 宴会厅

宴会厅常用于庆典和聚会，分宾主，执礼仪，重布置，造气氛，通常是对称规则的排布，有利于布置陈设，营造庄严隆重的气氛。另外，需要充分考虑宴会前陆续到来的宾客聚集、交往、休息和逗留的活动空间。

2. 特色餐厅

特色餐厅一般根据菜肴特点营造与之相匹配的空间氛围。中餐厅如川味馆、东北菜馆等，西餐厅如法式餐馆、意大利餐馆等以及日式料理餐馆、韩国烧烤餐馆等，必须考虑相应的设计元素，并且应充分注意设计元素与这些餐馆定位之间的统一性。

3. 自助餐厅

自助餐厅设自助服务台，用于集中摆放盘碟等餐具，设陈列台放置菜品，其基本顺序为冷食—浅锅—油煎盘，食物和饮料尽量分开，流线要特别注意取食顺序和人流疏散。自助餐厅的特点是有时厨房后场和取食台结合得比较密切，明档设置；有时厨房后场与取食台完全隔开，食物需送至取食台。

4. 火锅、干锅、烧烤等餐厅

火锅、干锅、烧烤等餐厅的主要特征是边烧边吃，这就大大减少了厨房后场的加工制作过程，使服务流程简易化。空间设计时，要特别注意每个座位的燃气具和通风排烟的处理，厨房后场大多以煲汤、配料、初加工为主。

5. 酒吧、茶吧

这两种空间一闹一静，主要是提供休息、消遣和交谈的场所，饮食上以简餐和酒水为主，功能以休闲和娱乐为主。

一般而言，餐饮空间的地面应便于清洁，能够体现该餐饮空间的主题气氛，常见的地面材料主要有地砖、石材、地毯、地板（实木／复合）等。餐饮空间的立面由于处于室内视觉感受较为显要的位置，故设计时要注意使界面产生比较丰富的变化，常见的材料有各色乳胶漆、墙纸、饰面胶合板、铝板、防火板、玻璃、金属等。餐饮空间的顶面应便于形成多种造型变化，烘托整体的空间气氛，当然还必须与空调、消防、照明等有关设施的施工密切配合，常见的材料有石膏板、云石片、格栅、柔性织物等（图2-11）。

图2-11　餐饮饭店

（二）歌厅、舞厅

歌厅和舞厅在空间上具有较强的动感，因此空间的造型设计应充分考虑到这一特征。另外，变幻莫测的灯光变化也是这种场合的设计要点，霓虹灯、LED等专用灯具常被大量应用。这种场合在材料选择上更是丰富多样，整体上比较能接受颜色鲜艳、样式夸张的材料。

歌厅主要是指卡拉OK厅和KTV包间。卡拉OK厅以视听为主，通常设有小型舞厅和视听设备以及桌椅散座，规模较大的卡拉OK厅有时与餐饮设施相结合。KTV包间专供家庭或少数亲朋好友聚集、自唱自娱使用，设有视听设备、电脑点歌、沙发、茶几等。

舞厅的设施主要有舞池、演奏乐台、休息座、声光控制室等，常以交际舞、迪斯科舞等群众性娱乐活动为主。这种场合的活动一般有大量人群参与，因此需要比较宽敞的活动场地。一些舞厅有时会举行一些歌唱、乐队演奏和舞蹈等表演，因此也称"歌舞厅"，其舞台应略大一点。舞厅照明大多采用低度照明，使用舞台专用的照明灯具设备，可配合音乐旋律的光色闪烁变幻（图2-12）。

图 2-12　歌舞厅

（三）休闲健身

休闲健身类场所总体而言有大众型体育馆和私人型运动会所两种。其空间风格要求简洁明快、色泽素雅，设计的切入点主要为专业性运动器械的要求以及人在其中的各种运动方式，如舞蹈室需要在墙壁的一面或多面上安装镜面，设置基础训练时用的扶手；保龄球场墙面应防潮隔热，内墙面可用木材或塑料装修，为了保障安全和减少维修，应尽量减少使用玻璃的面积，顶棚所采用的形式应有助于控制声音并能隐蔽光源；各种室内器材室应注意不同器材的分区摆放以及器材之间的活动间距并设置一定的培训场地（图 2-13）。

图 2-13　休闲健身场所

另外，像篮球、羽毛球、壁球等对场地规格有特定要求的运动，设计场地时要详细了解不同运动的比赛情况，根据其特殊要求进行针对性的设计。总之，休闲健身类场所偏重功能性的需求，室内的灯光、色彩、用材、流线布局无不以此为设计的根本依据。

（四）桑拿洗浴

洗浴的类别很多，如芬兰浴、温泉浴、各种花瓣浴、SPA 水疗等，有些大型的洗浴中心不仅有洗浴池，还有餐饮部、大厅休息室、包间休息室和棋牌室等。

这类空间形式在室内设计上具有很大的发挥余地，其风格以富丽堂皇、风情妩媚居多。洗浴间一般分男宾部和女宾部，但共享一个服务大堂，因此大堂设计必须有明确的流线分区和说明指示，避免两部分人流交叉。女宾室主要有更衣室、卫生间、冲淋间以及各种特色蒸洗房等，男宾室除此之外大多还有洗浴池。洗浴完毕后，男、女宾可通过不同的通道进入公共休息区域。

大堂、洗浴间、休息厅和一些公共空间往往是洗浴场所空间设计的重点。大堂主要与门面相结合，可以展示该场所的档次和定位。洗浴间的设计关键是要了解洗浴的常规流程。以普通的桑拿为例，进入桑拿房前，先进行短暂的淋浴；在桑拿房中待到自身感到舒服为止，浴温可达到 70 ℃～ 90 ℃；离开桑拿房后，用温凉水冲洗；再回到桑拿房中，将满勺水浇在已加热的石头上，如放一枝嫩桦树枝在热石上，，便可享受森林的香味；然后逐渐用少量水滴在石头上，至皮肤感到热得有点儿刺痛为止，结束桑拿浴；最后淋浴放松，休息到皮肤退凉和毛孔关闭为止。设计时，必须按照不同种类洗浴的过程设计相应的房间，并布置相应的设备、设施。例如，休息厅灯光不能太亮，应以柔和为主，可单独设计局部照明和视听设备（图 2-14）。

图 2-14　桑拿洗浴

二、休闲娱乐空间设计的典型案例分析

（一）案例一——餐饮案例

该餐饮空间位于大型商业街区的一层转角处，面朝湖滨广场，其面对的客户群不仅包括自身营业厅内的人员，还包括周围的流动人员，因而在前场营业面积和后场操作面积划分的比例上，后场要更偏重一些。对于餐饮空间的设计，虽然后场的基本设备一般由更为专业的人员进行定做与排除，但是室内设计师还是需要对一些常规设备设施的尺寸、功能、操作流程以及规范要求有一定的了解，才能在空间设计过程中将前、后场的关系，尤其是进货通道、出菜口、收餐通道等与前场关系比较紧密的部分设计到位。后场的主体路线必须以收货—初加工—烹调—出菜为基本流程进行设定，并根据经营内容和店面规模专门设置熟食间、面点加工间、职工更衣间、干调库和冷库，而洗碗间则需要独立设置。"流线便捷、洁污分区"是后场排布的根本标准。

餐饮空间的营业前场设计应注意以下两个方面。

（1）通过座位排布形成自然分区，并确保流线顺畅。

（2）座位形式应多样化，以便人数不同的群体可以选择相应的就餐位，如两人位、四人位、六人位、八人位等，另有些座位可以自由组合，以满足小团体聚餐的需求，当然坐的形式也可以多种多样，如面对面坐、围成圈坐等，这些在该案例中都有所体现（图 2-15）。

图 2-15　餐饮空间的前场设计

在空间氛围上，一般餐饮空间比较倾向于暖色调，尺度和材质也偏向于拟人化，本案例属于某品牌餐饮连锁店，因此在色彩关系和具体的造型上还需要考虑各连锁店之间关联元素的反复应用，以形成店面之间的"血缘关系"，如橙、红色系以及一些圆圈造型的应用。在灯光上，除用整体照明来照亮厅堂、用氛围照明营造气氛以外，还应对一些重点装饰部位设置重点照明，并对每个就餐位设置对应的餐位照明，如暖黄的灯光照射在食物上会使出食物的光泽凸显出来，引起人们的食欲。

（二）案例二——歌舞厅案例

歌舞厅一般有迎宾接待区、舞池区、KTV包间区、休息区等空间，各空间之间应按区分布、衔接自然，并要特别注意各空间的消防逃生路线设置（图2-16），该案例将两头的安全通道和中间的电梯厅通过走道和主接待空间相连，形成了一条专门的疏散流线。

图2-16　歌舞厅空间设计

隔音以及音效是歌舞厅空间设计特别要考虑的内容之一，隔音可以避免不同房间之间的相互干扰，而对回声和吸音效果的追求是实现良好音色质感的基础，因此在选择材质时应考虑到其对声音的反射和吸收效果。灯光设计是歌舞厅空间氛围营造的关键所在，由于这种场所通常灯光昏暗、梦幻迷离，故材质本身的表现并不突出。一些具有较强反射性的材料可以反射光色，增添迷幻效果。因为受到各种彩色光线的影响，空间物体的固有色会有很大偏差，所以在进行色彩搭配时应充分考虑到其受灯光照射后的色彩变化，如该案例中对光线的运用就较为出彩。

第四节　宾馆空间的室内设计

一、宾馆空间设计的基本知识

宾馆的建筑常以所处环境优美、交通便利、服务周到、风格独特而吸引四方宾客，因此室内装修由于条件不同而各个相异。宾馆空间设计在反映民族特色、地方风格、乡土情调以及综合现代化设施等方面，需要予以精心考虑，除满足宾客舒适的生活需求以外，还应能扩大宾客的视野，增加宾客的新知识，丰富宾客的阅历。总之，根据宾客的居住心态，宾馆的室内设计应特别强调创造一种能让宾客有宾至如归之感的环境。

宾馆的室内部分主要包括公共大堂、客房以及各种配套的休闲、娱乐、会务等场所，其中休闲娱乐场所的设计要求可参考本章第三节的内容。大堂和客房是宾馆空间的最基本组成部分，在设计时须特别注重它们的功能要求。

（一）宾馆大堂

大堂是宾馆前厅的主要厅室，一般设在底层，但也有设在二层的，或与门厅合二为一。大堂内部主要包括以下几部分。

1. 总服务台

总服务台大多设在入口附近，在大堂较明显的位置，宾客一进来就能看到，有时在设计中也可作为视觉中心。总台的主要设备通常有行李寄存间、房间状况控制处、留言及钥匙存放架、保险箱、资料架等。

2. 大堂副经理办公桌

大堂副经理办公桌常布置在大堂一角，能及时处理前厅业务。

3. 休息区

休息区作为宾客接待和休息之用，常设置在方便登记和不受干扰之处。

4. 大堂吧

这是大堂空间的一个重要组成部分，主要用于供应茶水、点心，有散座和服务台，有时与休息区结合布置。

5. 小型商场

小型商场用于出售一些日常生活用品、地方特产、旅游纪念品等，根据宾馆等级规格的不同，其规模也有所不同。

6. 商务中心

商务中心主要为一些商务出差的客人提供复印、传真、上网、临时办公等服务。

另外，鉴于大堂在宾馆空间中的重要地位，通常还会布置一些大型的中心景观或者演奏钢琴的演艺台等。与此同时，有关宾馆或旅店的服务内容介绍区、方位引导标牌以及宣传资料的设施也是大堂中必不可少的设计内容。如果宾馆的规格较高，有时还会设置快递处、鲜花店、银行等服务场所。大堂既是整个宾馆的交通枢纽，又是人流最为集中的地方，因此组织流线是大堂布局设计的重要内容，通向各处的公共楼梯、电梯等主要交通设备大都与大堂有直接联系。一般宾客在大堂的活动流程为先从大门进入大堂，找座位稍歇，安排行李，进行登记，再通过电梯或扶梯通向客房，而退房宾客的路线与此相反。因此，设计时应根据不同的活动路线进行良好的组织，从主入口和电梯厅直接通向前台的流程必须宽阔，无障碍，避免宾客在办理手续途中产生不必要的麻烦。

由于大堂是宾客对宾馆产生第一印象的主要场所，也是宾馆形象的窗口，因此大多数宾馆把它视为室内装饰的重点，集空间、家具、陈设、绿化、照明、材料等精华于一厅。另外，有一些宾馆还将大堂和中庭相结合，成为整个建筑的核心景观之地。

（二）宾馆客房

客房应具有良好的通风、采光和隔音设施，窗户要尽量面向优美的景观之处，如海面、庭院等，要避免面向烟囱、冷却塔、杂物院等。一般来说，客房标准层在结构布局上是统一的，客房约占宾馆总面积的60%。此外，一些由于建筑造型设计形成特殊平面的客房可以因势利导，增加客房形式的丰富性和多样性。

客房的规格和形式一般有以下几种。

（1）标准客房——放两张单人床的客房。

（2）单人客房——放一张单人床的客房。

（3）双人客房——放一张双人大床的客房。

（4）套间客房——按不同等级和规模，有相互连通的二套间、三套间、四套间不等，除卧室以外，一般设餐厅、酒吧、客厅、办公或娱乐等房间，也有带厨房的公寓式套间。

（5）总统套房——包括放置大床的卧室以及客厅、书房、餐厅或酒吧、卫生间、会议室等，其用材和做工都极为考究。

客房内按不同的使用功能可划分为若干区域，如睡眠区、休息区、工作区、盥洗区。一间客房有时可容纳1～4人，几种功能可能发生在同一时间，如更衣和沐浴时，或睡眠和观看电视时，因此在布置客房的家具时，各区域之间应既有分隔又有联系，以便不同的使用者灵活、方便地使用。

客房的室内装饰应以淡雅宁静、朴实自然为原则，给宾客营造一个温馨、安静的舒适环境。装饰通常不宜烦琐，陈设也不宜过多，主要着力家具款式和各种织物装饰搭配的选择。

二、宾馆空间设计的典型案例分析

该案例为某星级酒店一层大堂的空间设计（图2-17）。宾馆大堂既是组织人流交通的枢纽，又是整个宾馆层次和风格定位的主要体现，因此一般在平面布局上比较空旷，在用材用料上比较高档，并且能够展现出相对明确的风格倾向。在对大堂进行空间设计时，可结合整体景观的概念，将整个空间营造成一个独具特色的大景观。此外，根据所针对的客户群体，宾馆可分为商务型、度假型和综合型等几种类别，不同类别的宾馆必然表现出不同的风格。

图2-17　某星级酒店一层大堂的空间设计

在本案例中，大堂接待空间的主材为石材，为丰富其视觉效果，采用拉条与毛面相结合的拼贴方式。大堂吧的灯光表现形式独特，着力强化墙与顶之间、地与墙之间的关系，并在主要区域采用灯光墙，使顶部形成一种上升的感觉，堂吧区结合点光源和台灯，使整个空间的光区域形成亮区和暗区，烘托出大堂吧幽雅的氛围。从大堂入口到堂吧处排列的美国加州热带棕榈树有着强烈的秩序感，并从地面向上打光，使树影洋洋洒洒地映照在天花板上，极大地丰富了视觉效果。餐厅包间采用简洁明快的新古典主义风格，使整个空间风格既庄重豪华，又不失简约明快。雪茄吧除对环境氛围有要求以外，还对设备有着更高的要求，收藏室必须有特殊的温控设施，吸烟区则对排风有严格控制。氛围上突出欧洲绅士格调，通过对灯光的调控及装饰细节的精心雕琢，营造出浓厚的异国气息。西餐厅、面食馆采用了一些独特的设计手法，如自助餐台的发光设计营造了温馨的用餐环境，而其上方的排气罩用镜面装饰，弱化了原有设备庞大的体量。

第五节　商业空间的室内设计

一、商业空间设计的基本知识

商业空间是城市公共建筑中量最大、面最广的空间类型，真实地反映了城市居民的物质经济生活水平和精神文化风貌。作为城市的经济窗口，商业类建筑一般有百货商店、专业商店、自选商场和综合型购物中心等。从经营的角度出发，商业空间设计要满足以下要求：具有特色的建筑形体，醒目漂亮的商店招牌，引人入胜的店面设计，有吸引力的橱窗布置，符合要求的照明装置以及宽敞方便的商店入口，等等。

商业空间根据自身的经营性质和规模，常将不同类别的商品按楼层或区域分布在不同的柜区，如百货商店的化妆品柜区、鞋帽柜区、服装柜区、家用电器柜区和文化用品柜区等。一般来说，营业厅内平面布局的面积，除楼梯（包括自动梯）、收款台、展示台等所占的面积以外，主要还由两部分组成，即柜架及其近旁营业员操作和接待活动所占的面积，以及顾客通行、停留、浏览、选购商品时通行活动所占的面积。

顾客通行和购物流线的组织对营业厅的整体布局、商品展示、视觉感受、流通安全等极为重要，顾客流线组织应着重考虑以下几点。

（1）商店出入口的位置、数量、宽度以及通道与楼梯的数量和宽度必须满足安全疏散的要求。

（2）根据客流量和柜面的布置方式确定最小通道宽度。比较大型的营业厅应区分主与次通道、通道与出入口，在楼梯、电梯和自动梯的连接处，要适当留出停留面积，便于顾客的集中和周转。

（3）方便顾客顺畅地浏览商品柜，要尽可能地避免单向折返与流线死角，让顾客能安全地进出。

（4）根据通行过程和临时停顿的活动特点考虑，商场主要流线通道与人流交汇停留处是商品展示、信息传递的最佳展示位置，设计时要仔细筹划。

在商业空间内活动的人群，有的是购物目的明确的消费者，有的是购物目的不明确的逛商店者。因此，从顾客进入营业厅的第一步开始，设计者就需要考虑在顾客流线进程中以及停留、转折等处进行视觉引导，要利用各种方式明确指示或暗示人流方向。根据消费心理的特征，引导顾客购物方向的常用方式有以下几种。

（1）直接通过商场布局图、商品信息标牌以及路线引导牌等来指示营业厅商品经营种类的层次分布，标明柜组经营商品门类，指引通道路径，等等。

（2）通过对柜架与展示设施等空间的划分，来作为视觉引导的手段。

（3）通过营业厅地面、顶棚、墙面等各个界面的材质、线型、色彩和图案的配置来引导顾客的视线。

（4）采用系列照明灯具以及光色的不同色温和光带标志等设施、手段，进行视觉引导。

商业空间既要满足商品的展示性，又要满足商品的销售性，空间的各个不同区域均要以此为出发点进行设计构思。

（一）店　面

店面是商业空间重要的对外展示窗口，是吸引人流的第一要素。店面造型应具有识别性与诱导性，既要与商业周边环境相协调，又应具有视觉外观上的个性；既要能符合立面入口、橱窗、店招、照明等功能布局的合理要求，又应在造型设计上体现出商业文化和建筑风格的内涵。商店的店面设计应满足以下要求。

（1）将城市环境和商业街区景观的风格特点作为设计构思的依据，并充分考虑地区特色、历史文脉、商业文化等方面的要求。

（2）除具有商业建筑作为购物场所招揽顾客的共性以外，不同商店的行业特性和经营特色还要尽量在店面设计中有所表现。

（3）店面设计与装修应仔细了解建筑的基本构架，并充分利用原有结构为店面外装修提供支撑，使店面外观造型与建筑结构整体有牢固的联系。

（二）入　口

商业空间的入口设计应体现该商店的经营性质与规模，要显示立面的个性和可识别性，以达到吸引顾客进店的目的。由于安全疏散的要求，店面入口的门扇应向外开或做成双向开启的弹簧门，并注意门扇开启范围内不得设置踏步。另外，商店入口还要考虑设置卷帘或平推拉式的金属防盗门。

商业空间入口的设计手法有以下几种：一是要突出入口的空间处理，不能单一地强调一个立面的效果，而是要产生一个门厅的视觉感受；二是要追求构图与造型的立意创新，可通过一些新颖的造型形成空间的视觉中心；三是要对材质和色彩精心配置，入口处的材质和色彩往往是整个空间环境基调的铺垫；四是要结合附属商品形成景观效果。

（三）营业厅

营业厅的空间设计应考虑合理愉悦的铺面布置，方便购物的室内环境，设置得当的视觉引导以及能激发购物欲望的商业气氛和良好的声、光、热、通风等物理条件等。由于营业厅是商业空间中的核心和主体空间，因此必须根据商店的经营性质，在建筑设计时就要确定营业厅的面积、层高、柱网布置、主要出入口位置以及楼梯、电梯、自动梯等垂直交通的位置。具体设计时要特别注意以下几点。

（1）空间布局应有利于商品的展示、陈列和促销。

（2）根据商店的经营性质、商品的特点与档次、顾客的构成、商店建筑外观和地区环境等因素，确定室内设计的整体风格和定位。

（3）整体设计应突出商品，要以衬托商品为主，激发消费者的购物欲望。

（4）空调设备，特别是通风换气，对改善营业厅的环境极为重要，必须放置合理。

另外，营业厅的照明在展示商品、烘托环境氛围中的作用也十分显著，照明的种类大致有以下几种。

（1）环境照明——也称"基本照明"，即用于营业厅室内环境的基本照明，形成整体空间氛围，满足通行、购物、销售等基本活动的照明。

（2）局部照明——也称"重点照明""补充照明"，即在环境照明的基础上，为加强商品展示的吸引力，提高商品挑选时的审视照度而设置的照明。

（3）装饰照明——指通过光影的色泽、灯具的造型以及与营业厅中室内装饰的有机结合展示个性和特征的照明。

一般来说，营业厅的空间设计应使顾客进出流畅，营业员服务便捷，防火分区明确，通道、出入口顺畅，并符合国家有关安全疏散的规范要求。

（四）柜　面

营业厅的柜面，即售货柜台货架展示的布置是由销售商品的特点和经营方式决定的，柜面的展销方式通常有以下几种。

1. 闭　架

闭架主要用于销售高档贵重物品或不宜由顾客直接选取的商品，如首饰、药品等。

2. 开　架

开架适宜销售挑选性强，除视觉审视以外，还对商品质地、手感有要求的商品。

3. 半开架

半开架指商品开架展示，但该商品展示的区域设置了入口限制。

4. 洽谈销售

某些高层次的商店，由于商品性能特点或氛围需要，顾客在购物时需要与营业员进行详细的商谈、咨询，采用就座洽谈的经营方式，能体现高雅、和谐的氛围，如销售家具、电脑、高级工艺品、首饰等。

总体而言，柜台和货架的设置既要方便顾客浏览和选购商品，又要便于营业员省时省力地操作服务。

二、商业空间设计的典型案例分析

该案例为一地处市中心的中高端商场（图 2-18）。商场既是商业空间，又是展示空间，通常利用流线、柜面、展具的设计提高商品档次，刺激消费欲望，这是其与纯展示空间之间的本质区别。不过，在引导流线、拉长展示面方面，商场与展示空间有着异曲同工之处。

就目前的商场营销模式而言，空间的主要流线和场地划分通常由商场管理方负责规划，内容涉及流线走向、走道宽度、区域面积、场地形式等，基本原则是尽可能让所有的店面都与主流线有直接而明确的连接关系，也就是说，让每间柜面都能接触更多的人流量。一般而言，在此基础上进行招商，为了实现空间整体氛围的协调统一，商场管理方还会对每一最终入驻的商户提出店面装饰的具体规范要求。而最终将每间店面的场地布局、壁面装饰、柜面摆放等落实到位的则是每一具体场地的商户，一方面很多连锁型的品牌在装饰方式上都形成了自己相对统一的形式和风格，在店面装修时会充分考虑到这些元素在不同空间中的整体运用；另一方面，不同的商品需要不同的展示形式，如鞋、箱包、男装、女装、化妆品、首饰等，它们对展台、展架包括灯光的要求都是不一样的，设计的关键是如何更好地衬托商品本身的特征。

在本案例中，所有公共空间，包括走道、中庭、扶梯等位置的装饰都采用了一种"中性"的设计方式，米黄色、白色、蛋青色基本上都属于百搭色，而玻璃、不锈钢、釉面砖等材质和其他材料之间的搭配度也很高，因此具备了使公共空间与其他特色店面兼容并蓄的条件。另外，该案例还反映出箱包、鞋、首饰、女装、化妆品、男装等不同商品展示的不同形式和要求，箱包和鞋都是小件商品，需要台面摆放，结合灯光形成小范围的展示重点；首饰对灯光的要求颇高，灯光在首饰上形成的闪亮光泽正是首饰的魅力来源，同时首饰的展示要充分考虑到防盗和内部管理的需要，有时需要设置试戴和洽谈区；化妆品柜台不仅需要设置试妆区，大面积的广告灯箱也是必不可少的；服装是商场的主要经营项目之一，吊架展示是当前服装的一种主要展示形式，模特展示则是一种补充和吸引顾客的有效方式，可以最直观地反映店面自身的品牌特色，不过男装空间和女装空间在设计时会重点突出各自的性别特征，使空间呈现出不同的气质并与相应商品达成一致。

图2-18　商场空间设计

第三章　室内设计的基本方法

第一节　室内设计的方案沟通

一、明确设计内容和计划

在室内设计项目初始阶段，要先收集项目资料，可分为两个方面。第一个方面是业主的主观意向。通常，在这一环节我们可以设置一些表格类文件，有针对性地与业主进行语言交流或采用文字记录的方式收集业主意向的第一手资料，这些资料可能是零散的，需要我们以专业的方式对其进行整理，然后让业主确认。当然，一些有专业背景的业主方可能会直接向设计人员提供详细的项目要求（如设计任务书、设计招标书等）。第二个方面是场地的客观现状。原建筑设计的各类相关图纸和后期施工变更说明是最权威的资料来源。除此之外，我们还可以通过图表、文字图示、实地测绘、摄影、摄像等方式获取更为直观的场地信息，尤其是通过摄影、摄像等手段可以真实地记录空间现状、周围环境等情况。对于一些公共项目，我们还必须充分了解后期空间使用者的需求，这一点可以通过面对面访谈、问卷调查等方式获得相关资料。

明确了室内设计的具体内容和详细信息后，就需要制订一个设计计划，设计计划的核心是信息的收集、分析、综合和转换，以理性分析为主，设计的关键是各类型空间功能与形式的创造，以感性的创造发挥为主要特征。

（一）设计计划的基本要素

设计计划的基本内容包括设计计划的基本要素、要素整合的过程以及最终形成的设计计划文件。其中，设计计划的基本要素包括以下内容。

1. 机构要素

这里的"机构要素"特指在具体的室内空间中活动的机构对空间的针对性要求，包括机构目标和机构功能。机构目标指机构所要达到的主要目的；机构功能包括机构中各部门的关系、人员工作的性质和特点以及工作流程等，机构功能往往取决于机构目标。

2. 环境系统要素

环境系统要素包括场地环境和各种设备系统对空间造成的影响。在设计计划文件过程中，实际探讨并提出的往往是一些十分具体的要素，这些要素包含了设计本身各要素及相关的影响因素，它们对设计过程有着不同的影响。对这些要素的深入分析，将为设计提供依据，并有利于设计师全面、合理地考虑问题。

3. 内部使用要素

人之行为活动的要求往往取决于特定的机构性质，如学校和图书馆无疑具有不同的活动要求。

4. 外部制约要素

外部制约要素大致可分为两类：一类是不可改变的"刚性"要素，如基地现状条件、各种设计标准和规范等；另一类为"弹性"要素，存在着一定的变通可能，如社会因素、经济因素等。

（二）室内设计计划文件

设计计划目标的提出是分析各种设计要素、综合内部需求及外部制约条件的结果，设计计划成果应包括需求和制约两大部分，需求即所应解决的问题，制约即为解决问题的可行性。但仅此还不够，除解决问题以外，还应满足业主方或委托人对未来的构想，包括功能要求、空间划分、风格定位、管理流程等各个方面。

一般室内设计计划文件包括以下内容。

（1）工程背景。

（2）功能关系表。

（3）设计目标及要求。

（4）设计构想。

（5）主要经济技术指标。

（6）计划标准的说明。

（7）对某些特殊要求的说明。

通常，设计计划表达主要分几个阶段来进行，包括收集资料阶段、分析资料阶段和设计目标提出阶段。这三个阶段由于侧重点不同，表达方式也有所不同。收集资料阶段主要以语言文字、图像、图示表达为主；分析资料阶段则以文字、图示、计算机分析为主；而设计目标提出阶段则主要以文字、表格为主。

二、分析资料的方法和手段

（一）分析资料的方式方法

获取了第一手详尽的设计资料并提出设计计划目标之后，我们需要对各种资料展开分析。此阶段常用的分析方法主要有图示、计算机辅助、文字表格等。

1. 图　示

图形语言是设计表达中最常用的方式，在分析资料阶段，徒手草图和抽象框图都是很好的分析手段。

（1）草图分析。草图分析包括现状分析草图和资料分析草图，现状分析草图忠实地记录、描绘设计现场的实际情况；资料分析草图配合设计现状的调查分析，组织收集相关的图片、文字、背景等资料，尽可能找出与设计主体有关的各种设计趋向。

（2）抽象框图。分析设计资料需要研究事物的背景、关系及其相关因素等，为了便于入手，我们需要建立一种有内在关系的网络图，把潜意识的思维转化为现实的图示语言，以一种宽松的、开放的"笔记"方法来表达它们的关系，这种关系网络图就称为抽象框图。

2. 计算机辅助

运用计算机可以模拟三维的场地原貌，提供给设计师准确而形象的信息。同时，借助计算机可以与其他信息网络连接，从而使计划阶段资料的收集更广泛、更深入，也可以减少不必要的重复性劳动，大大加快准备阶段的进程。

3. 文字表格

在分析设计资料的过程中，设计师通过深入思考，往往会用关键性的文字来描述方案的特殊性，之后再将这些关键性文字叙述转换为图示语言，这种具有重要作用的文字表达是构思时的一种有效方式。文字表格可作为设计师按照自己独立的工作方式进行下一步设计的依据。

（二）分析资料注意事项

对设计资料的深入分析是设计人员进一步对空间进行方案构思的基础，直接决定了后期方案成型的状况，并最终影响到空间设计完成后的实际效果和使用情况，因此在对设计资料进行分析时须特别强调真实性、突出侧重点和注重概念性。

1. 强调真实性

大多数设计任务都涉及众多复杂的背景资料及相关因素，从这些资料信息中提取核心部分将成为寻找矛盾、确立设计切入点的关键。这就要求收集的资料具有足够的准确性和真实性，设计的依据必须通过设计计划来加以科学地论证，不能仅凭设计师个人的经验或想象，而应建立在客观现实的基础上。

2. 突出侧重点

选择是对纷繁客观事物的提炼优化，合理的选择是科学决策的基础，选择的失误往往导致失败的结果。选择是通过不同客观事物优劣的对比实现的，要先构成多种形式和各种可能的方案，然后才有可能进行严格的选择，在此基础上，以筛选的方法找出最有可能成功的一种方案。

3. 注重概念性

概念是反映对象特有属性的思维形式，由人们通过实践，从对象的许多属性中提炼出其特有属性概括而成。概念的形成标志着人的认识已从感性认识上升到理性认识。

三、设计方案的构思和沟通

在方案的构思阶段，设计思维是表达的源泉，而设计表达是设计思维得以显现的通道。在设计过程中，设计思维的每一阶段都必须借助一定的表达方式呈现出来，通过记忆、思考、分析，使思维有序地发展。在这个过程中，思路由不清晰到清晰，构思由不成熟到成熟，直至设计方案的完成。

（一）设计表达的思维方式

表达方式可以使设计思维更加具象，成为设计师与其所表达的思维之间的桥梁。从这个角度来说，表达不是简单地从思想到形式的转换，而应该是如设计思维影响表达一样，成为影响设计思维的一种方式。具体来说，表达不仅仅是思维过程中阶段性结果的表现，还会有效地激发创作思维，使设计师的思维始终处于活跃和开放的状态，并使设计思维向更深入、更完善的境地发展，使设计师走出自我，从一个新的较为客观的角度冷静地审视自己的设计，发现设计的优势和不足。

1. 启 发

设计思考过程中，有时我们会遇到瓶颈状态，陷于自己想要的空间效果和实际条件限制之间的矛盾中，有时也会失去灵感，处于一种无法将方案顺利推进的困境下，这时适当的口头表达将有利于整理头绪、启发思维，令人茅塞顿开。

2. 发 现

设计表达是一种记录思维过程的方式，在室内设计的方案构思阶段，我们不一定会对每个角落都考虑得十分全面，通过这些被记录下来的思维片段，在反复思考的过程中就比较容易发现之前构思的漏洞，及时完善设计方案。

3. 检 验

室内设计具有空间性和时间性的特征，一方面是三维空间的整体性；另一方面是人在各个空间中穿行的流动性，这使我们对局部空间的构思有时会在空间的整体关系上失衡，而设计表达可以帮助我们将思维的过程连贯起来，以检验这种空间整体的和谐度。

4. 激 励

设计表达有利于量化我们的思维成果，进一步激励设计创作的热情。

（二）设计表达的形式

在室内设计的方案构思阶段，我们往往需要与业主进行反复的沟通交流，以确保大家的意见基本保持一致。对于形式感很强的空间设计而言，唯有图形语言是最易于表达设计人员对空间构想的手段，也是业主方最便于理解设计人员想法的方式，因此该阶段的设计表达就是设计人员与业主进行沟通的一座桥梁，为后期设计向大家都认可的方向发展奠定了重要的基础。这一过程的表达方式主要为徒手草图、电脑效果图等比较直观并易于操作的图形文件。

另外，有些规模庞大的室内设计项目在有限的时间内并非个人可以单独完成的，而是需要一个团队的共同合作，然而作为一个完整的空间，又必须时刻保持空间的整体协调性。这就需要设计人员在方案构思的不同阶段相互交流，而设计表达是促进这种交流的主要手段，只有在前期构思阶段就对空间的基本定位、形式元素、后期效果等方面进行统一协调，才能确保最终空间的完整性。

在室内设计的方案构思阶段，我们可以按思维发展过程将其分为概念性思维、阶段性思维和确定性思维三个阶段。而徒手草图是这个过程中应用最多的设计表达形式，根据方案构思中思维发展的过程，用于记录各个不同阶段思维的徒手草图可分为概念性徒手草图、阶段性徒手草图和确定性设计徒手草图。

1. 概念性徒手草图

概念性徒手草图是指在设计计划阶段，在资料分析的基础上，对设计者头脑中孕育的无数个方案发展方向的灵感进行涂鸦。

2. 阶段性徒手草图

该阶段必须综合设计分析阶段的诸多限定因素，对概念性草图所明确的设计切入点进行深入探究，对关乎设计结果的功能、结构、形式、风格、色彩、材料和经济效益等问题给出具体的解决方案。这是对设计师专业素质、艺术修养、设计能力的全面考验，所有的设计成果将在这一阶段初步呈现。

3. 确定性设计徒手草图

确定性设计徒手草图是对阶段性草图的进一步优选，此时设计构思已基本成熟，其调节性不强。此草图基本上是按最终的设计结果给出相应的比例关系、结构关系、色彩关系、材料选用等要素，通过一系列的透视、平面、立体、剖面和节点以草图的形式将设计意图表达出来。

（三）设计表达的构思特征

一个完善的室内设计方案，必然有一个良好的思维构思过程，而设计表达对思维的记录和激发则是其中一项重要的内容。经过周密构思形成的设计往往具备统一性、个性与风格、生动性与创造性、方向与重点等特征。

1. 统一性

熟练的表达可以反映设计师的成熟，许多高质量的设计表达都具有其内在的一致性。

2. 个性与风格

设计师的选择往往是其自身感受和素养的反映。

3. 生动性与创造性

通过设计者的表达能表现其构思的深入程度。

4. 方向与重点

如果是集体创作，那么创作小组成员为了一个共同任务就需要确定工作方向，了解工作重点。

第二节　室内设计的形象类图纸表达

一、设计手绘图表达

设计手绘图是设计成果表达形式中最基本，也是应用最广泛的方式之一。它通过对室内空间比较明确而又直观地绘制，使人们对方案有一个全面的认识。它要求设计者具有一定的美术功底，能运用各种绘图工具，熟练掌握各项绘图技巧，对设计成果进行细致深入的描述和诠释。设计手绘图按图纸绘制的深入程度可分为徒手草图和手绘表现图，按表达工具可分为铅笔画（含彩笔画）、钢笔画、马克笔画、水彩画、水粉画和喷笔画等。

徒手草图是指设计师在创造设计意念的驱动下，将对各种复杂的设计矛盾展开的思绪转化为相关的设计语言，并用笔在纸上生动地表现出来的一种表达方式。徒手草图在很大程度上体现了设计师对空间设计的理解，并通过对设计风格、空间关系、尺度、细部、质地等的设想，展现设计师在理性与感性、已知与未知、抽象与具体之间的探究。构思阶段的设计草图对设计人员来说，往往是设计各阶段中最酣畅淋漓的工作，充满了创作的快感。

手绘表现图强调精确，它是将设计的最终成果形象地表达出来的一种形式，真实性、科学性和艺术性是其基本原则。对于非专业人员而言，这类图纸非常便于他们理解和感受后期的空间效果的，这也是手绘表现图的意义所在。根据客观条件和个人习惯，设计师可以选择各种合适的表现技法。

（一）铅笔画技法

用铅笔绘制室内设计表现图的优点是形象和细部刻画较为准确，明暗对比强烈，虚实容易控制，绘制简捷，缺点是难以表现装饰材料及环境的质感。

作画时，要根据空间性质和个人特点灵活运用笔法，以取得最为合适和生动的表现效果。常用的手法有利用排线组成不同层次的色块来表现空间形体；利用大块黑白对比来区分形体和空间转折，使画面明暗对比强烈，具有节奏感；利用单方向线条的变化，增强画面的形式感；以较为统一的线条表现众多复杂的形体，以展现一个较为完整的图面；单线勾勒外形，以线的粗细和深浅来区别空间；用线面结合的方法表现主体空间，处理不对称的外形，再以配景进行点缀，取得生动活泼的画面效果。

彩色铅笔的使用可以弥补铅笔素描无法表现色彩关系的缺点，其基本技法与普通铅笔相仿。如果用水溶性彩铅，那么用水涂色后可取得温润感，也可用手指或纸擦笔抹出柔和的效果。

（二）钢笔画技法

钢笔、针管笔都是画线的理想工具，利用各种笔尖的形状特点，可以达到类似中国传统白描的效果。与铅笔素描细腻的明暗调子不同，钢笔运用线条的疏密组合排列来表现明暗。在线条的排列过程中，线条的方向不同、组合形式不同会产生各种不同的纹理效果，给人不同的视觉感受。为了增加艺术性，有时可以选择一些彩纸作画。钢笔画是由单色线条构成的，其画面具有一定的装饰性。

钢笔淡彩是线条与色彩的结合，其特点是简洁明快，但表现得不是很深入，也无法过多地追求和表现图的色彩变化。

（三）马克笔技法

马克笔以其色彩丰富、使用简便、风格豪放和成图迅速的特点而受到欢迎。马克笔与彩铅都以层层叠加的方式着色，但马克笔大多先浅后深，逐步达到所需效果。由于受到笔宽的限制，马克笔一般画幅不大，通常用于快速表现，着色时无须将画面铺满，可以有重点地进行局部上色，使画面显得轻快、生动。马克笔在排列组合着色的过程中，其笔触本身会产生一种秩序感和韵律美，若巧妙利用，可使画面具有节奏感。

马克笔的主要特点是色彩鲜艳，一笔一色，种类多达百余种，色谱齐全、着色简便，作图时无须调色，并具有不变色、快干的优点。马克笔在运笔时可发挥其笔头的形状特征，形成独特豪放的风格。作图时可根据不同场景、物体形态和质地、设计意图、表现气氛等选择不同的用笔方式。

（四）水彩画技法

水彩渲染的特点是富于变化、笔触细腻、通透感强。利用颜色的变化、色彩颗粒的沉淀、水分流动形成的水渍、颜色之间的互相渗透、干湿笔触的衔接等方式，可形成简洁、生动、明快的艺术效果。水彩几乎可以表现所有题材，无论是建筑环境的体积感、材质质感、光影和色彩关系以及结构的细节刻画，还是山间别墅无拘无束的自然美感，水彩都能较为准确地将其表现出来。但是，它要求底稿图形准确清晰，因为勾勒的铅笔稿对着色起着决定性的作用。水彩画的基本技法有平涂法、退晕法和叠加法等。作画时必须注意以下几点。

（1）画面明度的提高主要靠水，表现明度越高的物体加水愈多。

（2）表现过程通常是从明部画至暗部，这样便于色彩的叠加。

（3）干画时，覆盖遍数不宜过多，以保持颜色的透明度。

（4）干画时，笔上的颜色要薄，用笔要干脆利落。

（5）无论干画还是湿画，都切忌在颜色未干时叠加，否则会产生斑痕。

（6）充分了解水彩纸和水彩色的特性，有助于画出想要的色彩效果。

（7）调色时，颜色要适当混合，不要调色过匀，否则容易使色彩过于单调。

（8）对比色不宜多次叠加覆盖，否则会使画面过于灰暗。

（五）水粉画技法

水粉画是用水调和含胶的粉质颜料来表现色彩的一种方法，具有色彩鲜明、艳丽、饱满、浑厚、作图便捷和表现充分等优点，适合表现不同材料的丰富质感，是应用最为广泛的一种方式。水粉颜料纯度高、遮盖力强、便于修改、使用面广、简便易用。水粉通常可分为干、湿两种画法，并且在实践中这两种画法可综合使用。绘制水粉画时必须注意以下几点。

（1）水粉画的明度变化主要依靠色相的改变和加入白色量的多少。

（2）水粉一般从中间色画起，最亮和最暗的颜色总在最后完成。

（3）颜色虽可以覆盖，但不宜多次覆盖，如要大面积修改，可先用笔蘸上水洗去颜料。

（4）不宜过多使用干画法，用色也不宜太厚，防止图纸摩擦或卷曲引起色块脱落。

（5）水粉画一般湿时颜色艳而深，干时淡而灰。

（6）水粉画可以和其他多种表现技法结合运用，以达到灵活多变的图面效果。

（六）喷绘技法

喷绘技法以其画面刻画细腻、明暗过渡柔和、色彩变化微妙、表现效果逼真而深受业内人士的青睐。其尤其擅长表现大面积色彩的均匀变化，曲面、球面明暗的自然过渡，光滑的地面及物体在其上的倒影，玻璃、金属、皮革的质感，对灯和光线的模仿也非常逼真。但是，过分使用喷绘，画面中的形体就会显得不厚重，重量感差，对画面中的人物、植物、装饰品等较小物体的表现更是不尽如意。所以，使用喷绘应根据物体及画面的效果需要合理运用，只有与其他表现技法完美结合，才能充分展示喷绘的艺术魅力。

因个人的作画习惯和画面内容的不同，室内表现图的绘制步骤和方法也不尽相同，但营造恰当的空间气氛，表现不同材料的质感、色彩是我们必须遵循的共同原则。

二、计算机辅助表达

在高新技术发展日新月异的时代，以计算机为核心的信息产业无疑是具有代表性的行业之一。当今，计算机辅助设计已被广泛应用于室内设计领域。计算机能提供成千上万种颜色，其色彩容量远远超出了人类所能配置的色彩种类，它在阴影、透视、环境展示、模型建构等方面的表现更为突出。计算机可以很方便地提供许多异形空间的准确数据，为室内空间的造型设计开辟了一个全新的领域，使空间设计不再局限于各种圆形、方形等基本几何体的拼合。计算机还可以根据需要随时修改图纸，图纸可以进行大量复制。

若要利用计算机描绘出比较理想的室内设计表现图，就必须熟练掌握并运用计算机及相关软件的功能，同时要具备一定的绘画基础，包括对色彩组织运用的能力和取景构图的能力。当然，提高自身的修养也是至关重要的，没有广博的知识、绘画的技能和一定的艺术鉴赏力，是不可能发挥计算机的优势而制作出理想的作品的。

利用计算机绘制室内设计表现图通常需要多种不同软件的配合，其基本软件可分为建立模型的软件和进行渲染、图片处理的软件两大类。现在室内设计领域最常用的软件有绘图软件 AutoCAD，模型软件 3D Studio MAX，光照渲染软件 Lightscape 和图片处理软件 CorelDRAW、Photoshop 等。当然，这些软件的功能十分强大，不仅仅适用于室内设计表现图的绘制。

（一）AutoCAD

在室内设计行业中，AutoCAD 是绘制线图最常用的软件。它由美国 Autodesk 公司于 1982 年率先推出，当时主要用于 IBM-PC/XT 及兼容机上，版本是 AutoCAD 1.0 版。该公司在 30 多年的时间里不断改进该软件，先后推出了十几个版本，现在用的比较多的是 AutoCAD 2008。随着技术的逐步改进，AutoCAD 的功能也越来越强大。

在平面绘图方面，AutoCAD 能以多种方式创建直线、圆、椭圆、多边形、样条曲线等基本图形对象，并提供了正交、对象捕捉、极轴追踪、捕捉追踪等绘图辅助工具。利用正交功能，用户可以很方便地绘制水平、竖直直线。对象捕捉可帮助用户拾取几何对象上的特殊点，而追踪功能使绘制斜线及沿不同方向定位点变得更加容易。在编辑图形方面，AutoCAD 具有强大的编辑功能，可以移动、复制、旋转、阵列、拉伸、延长、修剪、缩放对象等。在标注尺寸方面，AutoCAD 能创建多种类型尺寸，标注外观可自行设定。在书写文字方面，其能轻易在图形的任何位置、任何方向书写文字，设定文字字体、倾斜角度及宽度缩放比例等属性。在图层管理方面，当图形对象都位于某一图层时，其可设定图层颜色、线型、线宽等特性。在三维绘图方面，其可创建 3D 实体及表面模型，并对实体本身进行编辑。在网络功能方面，其可将图形在网络上发布，或是通过网络访问 AutoCAD 资源。在数据交换方面，其可提供多种图形图像数据交换格式及相应命令。更为重要的是，AutoCAD 允许用户定制菜单和工具栏，并能利用内嵌语言 AutoLISP、Visual LISP、VBA、ADS、ARX 等进行二次开发。

（二）3D Studio MAX

3D Studio MAX 是近年来出现在 PC 机平台上十分优秀的三维动画软件，它不仅是影视广告设计领域强有力的表现工具，也是建筑设计、产品造型设计以及室内环境设计领域的最佳选择。通过相机和真实场景的匹配、场景中任意对象的修改、高质量的渲染工具和特殊效果的组合，3D Studio MAX 可以将设计与创意转化为令人惊叹的结果。3D Studio MAX 作为 Autodesk 公司推出的一套具有人性化的图形界面软件，包含了模型的建立、绘制和渲染以及动画制作三大部分功能。

不同行业对 3D Studio MAX 有着不同的使用要求：建筑及室内设计行业对 3D Studio MAX 的使用要求较低，主要使用单帧的渲染效果和环境效果，涉及的动画也比较简单；动画和视频游戏行业主要使用 3D Studio MAX 的动画功能，特别是视频游戏对角色动画的要求更高一些；而影视行业要进行大量的特效制作，其把 3D Studio MAX 的功能发挥到了极致。

利用 3D Studio MAX 绘制室内设计表现图的基本操作流程为建立基本模型—对已建立的模型进行编修—对形体的材质进行指定—在场景中设定摄像机—在场景中加入光源—将连续的场景形成动画。

1. 建立基本模型

基本模型包括立方体、圆柱体等 3D 图形以及 2D 图案。2D 图案可以先在 AutoCAD 中完成，再导入 3D Studio MAX 中，这样可以使线图的绘制更为便捷。

2. 对已建立的模型进行编修

室内空间中的各种形体不一定都是由规则的几何体块组成的，3D Studio MAX 提供了强大的模型编辑功能，可将在场景中所建立的基本形体按照其参数加以修改或将二维图案加入厚度，生成丰富的形体式样。

3. 对形体的材质进行指定

室内设计表现图需要很好的体现出空间内各种物件的材质，3D Studio MAX 优秀的材质编辑功能可将场景中的物体的材质质感完美表现出来，达到完全真实的效果。

4. 在场景中设定摄像机

在没有指定摄像机时，我们只能看到空间环境的平面、立面和轴测等单一的景象，加设摄像机后可以透过指定的窗口观看已建立的场景。其精确而真实的三维透视效果有利于表现室内空间的任何一个角度，最终获得逼真的效果，让人仿佛置身其中。

5. 在场景中加入光源

3D Studio MAX 可以利用点光源或投射灯来模拟真实的灯光效果以及太阳光的辐射效果，从而营造出场景的空间氛围。

6.将连续的场景形成动画

3D Studio MAX 可以在三维空间中加入时间概念，使人产生在空间中走动参观的感觉。利用 3D Studio MAX 产生动画效果，通过物体移动的快慢、光线明暗的演变或摄像机镜头的远近，可以营造出空间环境的律动感。

当然，利用 3D Studio MAX 制作室内设计表现图的基本流程并不是一成不变的，熟练掌握了这些基本命令和步骤后，可以根据绘图者个人的习惯和图面空间的客观要求，对 3D Studio MAX 进行灵活的运用，并总结出更为便捷的运用方法。

（三）Photoshop

Photoshop 是由美国 Adobe 公司开发的一款功能强大的图像处理工具，备受国内外广大图像处理人员的青睐，在平面设计和图像处理领域占据霸主地位。Photoshop 功能强大，使用方便，是一柄可以让图像处理人员充分发挥其艺术创造力的利器。如果再结合滤镜插件和第三方软件，就可以十分轻松地创作出一些惊人的特殊效果。

从功能上看，Photoshop 包括图像编辑、图像合成、校色调色及特效制作几大功能。图像编辑是图像处理的基础，可以对图像做各种变换，如放大、缩小、旋转、倾斜、镜像、透视等，也可进行复制、去除斑点、修补、修饰图像的残损等；图像合成则是将几幅图像通过图层操作、工具应用合成完整的传达明确意义的图像，这是平面美术设计的必经之路，Photoshop 提供的绘图工具能让外来图像与创意很好地融合，使合成的图像天衣无缝；校色调色是 Photoshop 中最具威力的功能之一，可方便快捷地对图像的颜色进行明暗调整和偏色校正，也可在不同颜色模式间进行切换以满足图像在不同领域，如网页设计、印刷、多媒体等领域的应用；特效制作在 Photoshop 中主要通过综合应用滤镜、通道等工具完成，包括图像的特效创意和特效字的制作，如油画、浮雕、石膏画、素描等常用的传统美术技巧，可制作各种特效字更是很多美术设计师热衷于研究和应用 Photoshop 的重要原因。

三、三维模型表达

模型是一种将构思形象化的有效手段，它是三维的、可度量的实体，因而与图纸相比，在帮助建筑师想象和控制空间方面有着十分突出的优势，还可以引发建筑师更多的创造力。由于模型自身具备直观性、可视性和空间审美价值，因此能使人们了解到客观对象的真实比例关系与空间组合，能够产生"以小观大"的效果。这样设计师便可通过对模型的研究和制作深化发展构思。

在环境艺术设计中，一般将模型分成景观模型和室内模型两种类型。其中，景观模型主要有场地模型、体块模型、景观模型、花园模型等；室内模型则包括空间模型、构造模型、细部模型、家具模型等。

另外，按模型在构思阶段所起的不同作用，人们又将其分为概念模型和研究模型两类。

概念模型特指当设计想法还比较朦胧时所形成的三维的表现形式，它是在工程项目的初期建造阶段，用来研究诸如物质性、场地关系和解释设计主题性等抽象特性的研究方式。每一个概念模型都至少蕴含着一种发展的可能性，预示着一个发展的方向。一般地说，每个设计师在一段时期内所能产生的概念模型，其数量和质量都是难以预料的。

研究模型是为了研究具体问题而特别制作的整体或局部的模型，它将三维空间中的构思加以概括，具有朴实无华的特点。研究模型通常被快速完成，建筑材料在其中被象征性地表现出来。制作研究模型的目的是比较形状、尺度、方向、色彩和肌理等，该模型具有快速修改的特点。

如果说概念模型阶段主要是对设计人员整体意念和初步空间构思进行的表达，那么研究模型阶段便是在此基础上，将侧重点放在对构思所应解决的诸多问题的表达上。

（一）景观模型

1. 场地模型

场地模型通常是在设计开始前制成的，为建筑规划展示严格的尺寸及地形地貌环境，包括所有对建筑设计有影响的场地特点，如现存建筑、周围路网和绿化等，作用是协调三维空间上形体之间的关系。

2. 体块模型

体块模型是场地建筑整个形体组合的研究模型，采用有限的色彩和概括的手法刻画出建造物的外部形体，既要体现设计主体与周围空间位置的直接关系，又要注意与环境的融合关系。体块模型通常采用单一的色彩和材料制成，没有表面的细部处理，只抽象出纯粹的形象，用以研究与周围环境的相互关系以及人们在其中的活动范围。

3.景观模型

景观模型是在场地模型的基础上，按照一定的比例，将交通、绿化、树木以及建筑等以简单的形式呈现出来。景观模型的重点是阐明景观空间和与此相关的地表模型，还有对其特点的描述。相关的表现还有游戏草地、运动广场、露营帐篷、游泳池、水上运动设施和小花园等。

（二）室内模型

1.空间模型

空间模型通常用来呈现各自的内部空间或众多空间的秩序。室内空间模型承担着阐明所塑造空间的形态、功能和光线技术问题的任务，通常以一些简单的面层材料拼装而成，用来表示一些单独的或成序列的内部空间，也可快捷地搭成一个立面，形式就像一种平面的三维草图。

2.构造模型

构造模型是三维的实体结构图，表现为自然的骨架，没有外表的装饰。结构模型主要用来表明结构、支撑系统和装配形式，以达到试验的目的。结构模型可制成各种比例，代表的是最基本的构思，只用以研究单独的问题，而深入的模型则用以决定结构的选型。

3.细部模型

细部模型可以重现空间上特别复杂的点，可展现详细的细节设计。通过这些细部可以使构造更加自然，也可进一步完善装饰。

4.家具模型

在室内设计中，有时会采用家具模型来表达设计空间的体量感、尺度感等。在构思阶段，家具模型可以仅仅是一个体量或位置的标识，在深化阶段可以涉及具体的细节和形式问题。

与图示表达相比，三维模型的表现在视觉效果上具有更强的直观性。但是，构思阶段的三维模型作为设计师思考的工具，依然有着不确定性和不完整性，设计中遇到的问题可以随时在构思模型中得到诠释和验证，并及时进行修改。这种不确定性与不完整性正是设计师设计思维推进的原动力。对最终用于展示的三维模型而言，其拥有与其他表达方式完全不同的优势和特点。

四、其他综合性表达方式

综合表达就是在设计过程中，为了更好地表现设计思维而使用各种相对独立的表达方式。在构思过程中，各种表达方式的综合使用是非常频繁的，尤其是在计算机辅助设计技术广泛应用于设计领域之后。为了进一步将思维形象化，计算机技术、徒手草图、模型等表现手段便不再各行其是，而是互为补充，综合协调地进行表达，以更好地推进设计思维的进一步发展以及最终成果的多方位展示。

综合表达是一种为适应不断提高的设计表达需求而产生的表达方式，即在同一个设计中应用多种表达方式，发挥各自优势，多方面全方位地对设计进行表述，这样做的结果是大大提高了交流的质量，使设计表达的效果更加理想化。现在，自由地混合使用多种表达方式，将它们作为媒介手段来辅助、推进设计已经成了一种常态。

另外，除了以上所描述的几种表达方式外，还有一些表达方式时常会根据需要被采用，如摄影技术、DV技术、多媒体技术等。通常，多媒体技术可分为两大类，即三维动画和多媒体幻灯片。它们都是以电脑为传播媒介的动态表达方式，但是它们的创作方法、表达内容却有着很大区别，使用范围也有所不同。与此同时，这些方式在设计表达中也越来越显现出一种普遍性和代表性。

此外，各种表达方式在独立表现或综合表现时，特别是在设计构思阶段和设计成果展示阶段都会表现出不同的特征。

（一）设计构思阶段

1. 开放性

在设计构思阶段，表达的开放性特点是显而易见的，这种开放性不仅仅指表达方式，也包含思维的开放性。在整个设计过程中，构思阶段的设计思维是最活跃的，在该阶段开放形式的表达方式具有很强的生命力，这是由于设计构思是一个不断发现问题和不断解决问题的过程，在解决矛盾的同时思维也在逐渐地成长。这意味着设计构思的表达具有不确定性，即随时可以进行更正和修改。

2. 启发性

构思阶段的思维特点决定了各种表达方式的特点。思维在构思阶段一直处于活跃的状态。设计阶段是设计不断成熟和完善的过程，各种因素都是可变的、不确定的，如设计师的徒手草图，它的模糊性和不确定性使每一位观赏者对其都有着自己的诠释和理解。这种不确定因素对设计师的设计思维恰恰也是一种启发。

3. 创新性

设计是社会文化的重要组成部分，设计和其他文化产品一样都是通过作者的智慧创造出的具有个性的新事物。具体而言，设计就是通过作者的构思，运用设计的知识、语言、技法等手段所创造出的与众不同的新生命。

（二）设计成果展示阶段

1. 艺术性

艺术性是设计成果表达的灵魂，设计成果表达既是一种科学性较强的工程图，也可成为一件具有艺术价值的艺术品。在巧妙的设计构思的基础上，再赋予恰当的、生动的表达，其便可以完整地创造一个具有创意和意境的空间环境，使人们从其外表中感受到形的存在和设计作品中的灵气。总体来说，设计成果表达的艺术性的强弱，取决于设计者自身的艺术修养和气质。通过对不同表达方式的选择和综合应用，设计者能够充分展示自己的个性并形成自己独特的表达风格。

2. 科学性

科学性是设计成果表达的骨骼，其既是一种态度也是一种方法，是用科学的手段来表达科学性的设计。一般地说，设计成果表达要符合环境艺术的科学性和工程技术性的要求，要受到工程制图规范和许多相关法规的制约，因此必然要以科学行为为基础。为了确保设计成果表达的真实可靠，设计师需以科学的态度对待表达上的每一个环节，如透视与阴影的概念、光与色的变化规律、空间形态比例的判定、构图的均衡、绘图材料与工具的选择和使用等。因此，我们必须熟练地掌握这些知识和规范，对设计成果表达进行灵活把握，并结合丰富的想象力和创造力，使设计成果表达能更准确地传递设计师的设计理念。

3. 系统性

在环境艺术设计成果表达中，系统性是指导设计师正确表达设计意图的基本原则，具体指在满足艺术性、科学性的同时，必须准确、完整而又系统地表达出设计的构思和意图，使业主和评审人员能够通过图纸、模型、说明等设计文件，全面完整地了解设计内涵。无论项目的规模大小，其设计过程和表达文件都应该注重系统性，只有系统全面地表达设计要求的文件内容，才能更加形象地展现设计师的构思、意图和设计的最终效果。

第三节　室内设计的技术类图纸表达

一、技术性图纸表达的内容

室内设计的技术性图纸主要是指方案设计和初步设计完成后，设计师根据已确定的方案进行的具体施工图设计。技术性图纸需要充分考虑建筑物的空间结构、设备管线、装饰材料供应等问题，并结合空间功能、施工技术、经济指标、艺术特征等问题，细化设计方案，确定工程各部位的尺寸、材料和做法，为施工单位提供现场施工的详细依据和指导。

在技术性图纸制作阶段，设计师要将所有的技术问题一一落实，并完善形式语言的细节，考虑设计方案表达的优化问题。它是整个设计思维过程中的最后环节，其主要表达内容为平面图、立面图、剖面图、表现图、设计说明、材料样品、计算机模拟和精细的模型以及动画演示等结果性的表达成果。室内设计的技术性图纸根据其发展过程一般分为方案设计阶段、扩初设计阶段、施工图设计阶段等。

（一）技术性图纸的发展过程

1. 方案设计

方案阶段的技术性图纸是指方案构思确定后，对其尺寸、细部及各种技术问题做最后的调整，使设计意图充分地"物化"，并以多种方式表现出来。通常，方案设计文件应以建筑室内空间环境和总平面设计图纸为主，再辅以各专业的简要设计说明和投资估算，其主要用于向业主方汇报方案。

2. 扩初设计

扩初设计是介于方案设计与施工图设计之间的承前启后的设计阶段，主要内容是对方案汇报时所发现的问题进行调整。扩初设计主要解决技术问题，如空间各个局部的具体做法，各部分确切的尺寸关系，结构、构造、材料的选择和连接，各种设备系统的设计以及各个技术工种之间的协调（如各种管道、机械的安装与建筑装修之间的结合等问题）。扩初设计是方案设计的延伸与扩展，也是施工图设计的依据和纲领。

3. 施工图设计

施工图设计阶段包括对扩初设计的修改和补充、与各专业的协调配合以及完成设计施工图绘制三部分内容。这个阶段需要将扩初设计更加具体和细致化，以求其更具操作性。扩初设计完成后，要再次与建设单位共同审核，并与水电、通风空调等配合专业共同研究，对设计中有关平面布局、尺寸、标高和材料等进行调整与修改，为施工安装、编制工程预算、工程竣工后验收等工作提供完整的依据。

（二）技术性图纸的主要表达内容

室内设计的技术性图纸主要包括平面图、顶棚图、立面图、剖面图、构造详图、与其他专业相配套的图纸以及体现整体气氛的透视表现图等。

1. 平面图

平面图的表达内容包括以下几个方面。

（1）房间的平面结构形式、平面形状和长宽尺寸。

（2）门窗的位置、平面尺寸，门窗的开启方向和尺寸。

（3）室内家具、织物、摆设、绿化、景观等平面布置的具体位置。

（4）不同地坪的标高、地面的形式，如分格与图案等。

（5）表示剖面位置和剖视方向的剖面符号以及编号或立面指向符号。

（6）详图索引符号。

（7）各个房间的名称、房间面积、家具数量及指标。

（8）图名与比例以及各部分的尺寸。

2. 顶棚图

顶棚图的表达内容包括以下几个方面。

（1）被水平剖面剖切到的墙壁和柱。

（2）顶棚的各种吊顶造型和具体尺寸。

（3）顶棚上灯具的详细位置、名称及其规格。

（4）顶棚及相关装饰的材料和颜色。

（5）顶棚底面和分层吊顶底面的标高。

（6）详图索引符号、剖切符号等。

3. 立面、剖面图

立面、剖面图的表达内容包括以下几个方面。

（1）作为剖面外轮廓的墙体、楼地面、楼板和顶棚等构造形式。

（2）处于正面的柱子、墙面以及按正面投影原理能够投影到画面上的所有构件或配件（如门、窗、隔断、窗帘、壁饰、灯具、家具、设备以及陈设等）。

（3）墙面、柱面的装饰材料、造型尺寸及做法。

（4）主要竖向尺寸和标高。

（5）各部分的详细尺寸、图示符号以及附加文字说明。

4. 构造详图

构造详图包括节点图和大样图。节点图是反映某局部的施工构造切面图；大样图是指某部位的详细图样，指以更大的比例所画出的在其他图中难以表达清楚的部位。其主要表达内容包括以下几个方面。

（1）详细的饰面层构造、材料和规格。

（2）细节部位的详细尺寸。

（3）重要部位构造内的材料图例、编号、说明等。

（4）详图号及比例。

5. 设计表现图

表现图表达的是一项设计实施后的形象，它可以显示设计构思与建成后的实际效果之间的相互关系。如果平、立、剖面图被认为是设计表达中的"技术语言"，是一种定量的、精确的方案设计表达方式，那么设计表现图则可认为是设计表达中的"形象语言"，是一种定性的、形象化的意图表现形式。根据其表现的具体形式，可以分为轴测图和透视图等。轴测图可以在一张视图中描述出长、宽、高三者之间的关系，并能够保持所描绘对象的物理属性，精确地表示出三维的比例，经过适当的渲染还能给二维图像以一种生动形象的空间距离感。其最大的优势是其构图的灵活多样性以及在同一幅图中表达多种信息的能力。透视图在所有设计图纸中是最具表现力和吸引力的一种视觉表达形式。它可以使看不懂平、立面图的非专业客户通过透视图了解设计师的构思、立意以及设计完成之后的情况。根据透视图使用的灭点个数，透视图可分为一点透视图、两点透视图和三点透视图三种基本类型。

（1）一点透视图表现范围广、纵深感强，适合表现庄重严肃的室内空间，能充分显示设计对象的正面细节，缺点是画面比较呆板，与真实效果有一定距离。

（2）两点透视图是透视图中应用最广泛的一类，可以真实地表现物体和空间，形式自由活泼，表现的效果比较接近于人的真实感受，缺点是如果角度选择不好，易产生变形。

（3）三点透视图（鸟瞰图或俯视图）主要应用于高层建筑物的绘制，在室内设计中，常用于展示有多个跃层的空间，三点透视图在表现场景的完整性上具有很大优势。

二、绘制技术性图纸的基本规范

绘制室内设计的技术性图纸需要把握三视图的基本原理，同时需要掌握装饰装修制图规范。目前室内设计图纸的制作规范主要来源于建筑设计制图规范，是对其的一种专业细化。

（一）图纸图幅与图框图幅

图纸图幅与图框图幅指的是图纸的幅面，即图纸的尺寸大小，工程图纸中一般以 A0、A1、A2、A3、A4 代号来表示不同幅面的大小，一张标准 A0 图纸的尺寸是 $118.8\ cm \times 84\ cm$，后面图号每增加一号，图纸幅面就小一半，即 $A1 = 84\ cm \times 59.4\ cm$，$A2 = 59.4\ cm \times 42\ cm$，$A3 = 42\ cm \times 29.7\ cm$，依此类推。对于一些特殊的图例，可以适当加长图纸的长边，加长部分的尺寸应为长边的八分之一及其倍数，称之为"A0 加长""A1 加长""A2 加长"等。

图框是在图幅内界定图纸内容的线框，一般每幅工程图纸都有一个图框，内容包括幅面线、装订线、图框线、会签栏、标题栏等。通常，标题栏须包括以下信息：设计公司名称、工程名称、项目名称、图纸内容、设计人、绘图人、审核人、图纸比例、出图日期、图纸编号等。

目前，工程类线图大都利用 AutoCAD 软件完成，在这种虚拟的图纸空间中，图框的大小和图形比例关系密切。在一般的纸面上绘图时，比例比较容易理解和把握，如图纸上标明比例为 1：100，那么图上每 1 cm 的长度就代表了现实中 1 m 的长度，我们画图的时候只要按需要缩小 100 倍再往纸上画就可以了。但是，在 AutoCAD 中，图形大小都是按实际尺寸输入的，因此要形成正确的比例，可在模型空间里对图框进行相应地缩放，也可直接在 AutoCAD 的图纸空间中套设图框。

（二）采用线性设置

工程类技术性图纸基本上都是以线图为主，而线图的表现形式主要是线条，要在一张二维的图纸上通过平面的形式表现出三维的空间特征，线条的粗细就是关键。画图时不管画平面、顶面、立面还是大样，必须先假想一个平面将空间剖切开来，然后以正面投影的方式绘制我们需要说明的部分。虽然这看起来是一张平面图，但实际上却存在着空间的叠加关系，在图纸上越粗的线条通常在空间中离我们越近。这是在画图时决定线型粗细的一个基本原则，而虚线往往代指那些在相应视角不可见但实际存在并需要说明的部分。除此之外，所有用于对图面进行说明的符号，如剖断线、尺寸标注线、说明文字引线、门开启线等，均使用线型中最细的线来表示。关于线型的设置，如表3-1所示。

表3-1　线型线宽的适用性

名　称	线　型	线　宽	适用范围
粗实线	———	0 b	平、剖面图中被剖切的主要建筑构造和装饰构造的轮廓线；室内装饰立面图的外轮廓线；建筑装饰装修构造详图中被剖切的主要部分的轮廓线；平、立、剖面图的剖切符号。另外，地平线线宽可用1.5 b，图名线线宽可用2 b
中实线	———	0.5 b	平面图、剖、立面图中除被剖切部分的轮廓线之外的可见物体轮廓线
细实线	———	0.25 b	图形和图例的填充线、尺寸线、尺寸界线、索引符号、标高符号、引出线等
中虚线	- - - - - -	0.5 b	表示被遮挡部分的轮廓线、平面中上部的投影装饰轮廓线、预想放置的建筑或装饰的构件、运动轨迹
细虚线	- - - - - -	0.25 b	表示内容与中虚线相同，适合小于0.5 b的不可见轮廓线
细点划线	—·—·—	0.25 b	中心线、对称线、定位轴线

在人工手绘图纸中，线型的关系比较直观明确，而在CAD制图中往往是先用一种颜色代表一种线型，最后在打印出图的时候再进行具体的线型粗细设定。这就要求我们首先根据个人的喜好制定一套作图的规范，然后再进行具体的图纸绘

制工作，这该规范对于 CAD 制图同样适用。

（三）常用图释符号

工程类技术性图纸除了是实际空间物体的三视图表现外，还有很多专门用于对图纸内容或形式进行说明的特殊符号，这些符号有利于我们明确图形与空间以及图形与图形之间的相互关系，如表 3-2 所示。

表3-2 室内设计图纸中的常用图释符号

名　　称	图　形	用　途	注意事项
剖断线	＜＞	不需要画全的断开界面	采用 0.25 b 的线宽表示
波浪线	～	构造层次的断开界面	采用 0.25 b 的线宽表示
剖视剖切符号	A⌐　⌐A	表示图样中的剖视位置	由剖切位置线和投射方向线组成，以粗实线绘制，剖切位置线长度宜为 6 ～ 10 mm，投射方向线宜为 4 ～ 6 mm
断面剖切符号	━	表示图中断面的剖切位置	断面剖切符号的编号写在剖切位置线的一侧，表示该断面的剖视方向
剖视索引符号	Ⓐ 1-001	用于索引剖视详图	在剖切位置线的一侧用引出线引出索引符号，引出线所在的一侧应为投射方向
平面索引符号	▲Ⓐ 1-001	用于索引立面图	表示立面投视方向的三角形方向随立面投视方向而变，但圆中的水平线、数字和字母方向不变
标高符号	▽ 0.00	表示在空间中的高度	—
定位轴线符号	Ⓑ──	表示柱网、墙体的位置	—
孔洞符号	◣	表示在空间中是个空洞	阴影部分可以涂色代替

名 称	图 形	用 途	注意事项
坑槽符号		表示在空间中内凹	—
门窗内开符号		表示门、窗扇向面对人的方向开启	采用 0.25 b 的线粗表示
门窗外开符号		表示门、窗扇向背对人的方向开启	采用 0.25 b 的线粗表示
门窗双开符号		表示门、窗扇可同时向两边开启	采用 0.25 b 的线粗表示

另外，建筑、水、电、照明等其他相关专业中也有很多图例规范，这里不再赘述。对于某些图例，可在自己相应的图纸上另附说明，如顶面灯具和地面填充材质等，但以上图释符号在室内设计的工程制图中基本上是通用的。

（四）尺寸标注及文字注解

尺寸标注和文字注解是室内设计技术性图纸中非常重要的内容，是最直观地说明图纸中各造型大小、材质和工艺的途径。对于一本完整成套的设计图册而言，里面包含的平面图、立面图、大样图的比例必然是各不相同的，但不管这种比例关系如何变化，每张图纸上的尺寸标识和注解文字大小必须是统一的。一般而言，数字和文字高在 3 mm 左右比较美观。

图样上的尺寸标注包括尺寸界线、尺寸线、尺寸起止符及尺寸数字。尺寸界线应用细实线绘制，一般与被注长度垂直，其一端离开图样轮廓不小于 2 mm，另一端超出尺寸线 2～3 mm；尺寸线也用细实线绘制，应与被注长度平行。尺寸起止符一般用中粗短斜线绘制，其倾斜方向与尺寸界线成 45° 角，长度宜为 2～3 mm；半径、直径、角度以及弧长的尺寸起止符号宜用箭头表示；图样上的尺寸应以尺寸数字为准，不得从图上直接量取；图样上的尺寸单位，除标高和总平面以 m 为单位外，其他必须以 mm 为单位。相互平行的尺寸线，应从被注写的图样轮廓由近向远整齐排列，较小尺寸离轮廓线较近，较大尺寸应离轮廓线较远。

注解文字的引出线应用细实线绘制，由水平方向的直线及与水平方向成 30°、45°、60°、90° 角的斜线组成。文字说明注写在水平线的上方或水平线的端部。同时，引出几个相同部分的引出线，宜相互平行，也可画成集中于一点的放射线。多层构造共用引出线，引出线应通过被引出的各层，文字说明的顺序应由上而下，并与被说明的层次保持一致，如层次为横向排序，则由上至下的说明顺序应与从左至右的层次顺序保持一致。

（五）图纸索引

索引是指在图样中用于引出需要进一步清楚绘制的细部图形的编号，以方便绘图及图纸的查找，提高阅图效率。室内设计图纸中的索引符号既可表示图样中某一局部或构造，也可表示某一平面中立面所在的位置。

三、技术性图纸的审核与成册

室内设计的技术性图纸绘制完成后，在成册前还需要一个整理和编排的过程，包括图纸目录、图纸排序、设计说明、施工说明、材料汇总等。应由资深的设计人员担任审核，对施工图的绘制规范性、施工图的绘制深度以及做法和说明进行细致的审核，以确保为施工单位提供翔实可靠的施工依据和指导。

（一）图纸目录

图纸目录是设计图纸的汇总表，又称"标题页"，以表格的形式表示，内容包括图纸序号、图纸名称、比例、编号等。

（二）图纸排序

通常，成册完整的图纸内容排序为封面、扉页、图级目录、说明书、设备主材表、设计图纸。

1. 封　面

封面上应写明工程名称、设计号、编制单位、设计证书号、编制年月等。

2. 扉　页

扉页可为数页，分别写明编制单位的行政负责人、技术负责人、设计项目总负责人、各专业的工种负责人和审定人。以上人员均可加注技术职称，同时可放置透视图或模型照片。

3. 图纸目录

用于介绍图纸内容的概况。

4. 说明书

说明书由设计总说明、施工说明、各专业说明和专篇设计说明组成。

5. 设备主材表

设备主材表是对工程项目中所涉及的各种设备和主要材料进行的归纳汇总，方便后期选样采购。

6. 设计图纸

设计图纸除包括专业的常规图纸外，还包括必要的设备系统设计图、各类功能分析图等。

（三）设计说明

设计说明主要对一些基本情况进行说明，如项目名称、地点、规模、基地及其环境等，是根据设计的性质、类型和地域性而作的设计构思，其中包括整体的设计依据、理念、原则，造型上的独特创意等。同时系统地阐释大致规划，小至空间细节，以及功能、技术、造型三者所涉及的室内空间环境设计。另外，还包括工程结构和设备技术（水、暖、电等）的指导性说明等。

（四）施工说明

施工说明是对室内施工图设计的具体解释，用来说明施工图设计中未标明的部分，以及对施工方法、质量的具体要求等。

（五）图纸汇编

完整的施工图应该包括：原建筑结构图、结构拆建图（用以结构安全审批）、平面布置图（包括家具、陈设和其他部件的位置、名称、尺寸和索引编号，以及每个房间的名称与功能）、天花布置图（包括顶棚装饰材料、灯饰、装饰部件和设施设备的位置、尺寸）、地面铺装图、电位示意图、灯位示意图、设备管线图、立面图（包括装修构造、门窗、构配件和家具、灯具等的样式、位置、尺寸、材料）、剖面图（有横向剖面、纵向剖面，剖切点应选在室内变化比较复杂的有代表性的位置）、局部大样、构造节点图等。

（六）图纸审核

施工前，必须对图中各装饰部位的用材用料的规格、型号、品牌、材质、质量标准等进行审核，应按照国家有关标准对各装饰面的装修做法、构造、紧固方式进行仔细核查。考虑到施工材料组织的可能性、方便性，要尽可能地使用当地材料，减少运输成本，并且要适当整合材料品类，降低备货的复杂性，注重施工的可行性。还要关注环保，避免所用材料对人的健康产生危害。

只有经过仔细编排和审核的图纸才能最终装订成册，作为工程招标的依据性文件，成为施工方进行施工、备材备料的根本依据。

第四节　室内设计的工程实施

设计的最终目的是要将构思变为现实，只有施工才能将抽象的图纸符号转变为真实的空间效果。室内装修施工的过程是一个再创作的过程，是一个施工与设计互动的过程。对于室内设计人员来说，首先应该对室内装修的工艺、构造以及实际可选用的材料进行充分的了解，只有这样才能创作出优秀的作品；其次还应该充分注意与施工人员的沟通配合，事实上每一个成功的室内设计作品既显示了设计者的才华，又凝聚了室内装修施工人员的智慧与劳动。

一、室内设计中的常规材料

室内设计中的材料选择十分重要，要想选好材料，就必须认识材料的结构、体积、质量、密度、硬度、力学性能、耐老化性能，以及其他基本性质。室内设计中的常规材料主要有木材、石材、陶瓷、玻璃、无机胶凝材料、涂料、装饰塑料制品、金属装饰材料和装饰纤维织物等。

（一）木　材

木材具有湿胀干缩的特点，这种变形是由于木材细胞壁内吸附水的变化而引起的。木材低于纤维饱和点含水率时，比较干燥，体积收缩；干燥木材吸湿时，会随着吸附水的增加发生体积膨胀，达到纤维饱和点含水率时止。由于木材构造的不均匀性，所以随着木材体积的胀缩可能引起木材的变形和翘曲。

此外，在木材的选用上，要注意其防腐与阻燃的性能。由于真菌在木材中生存和繁殖必须具备温度、水分和空气三个条件（温度为 25～35℃，含水率在 35%～50% 时最适宜真菌的繁殖生存，此时木材会发生腐朽），所以防止木材腐朽的措施，一是破坏真菌生存的条件，二是把木材变成有毒的物质，使真菌无法寄生。

木材阻燃是将木材经过具有阻燃性能的化学物质处理后，变成难燃的材料，从而达到小火能自熄，大火能延缓或阻滞燃烧蔓延的目的。

1. 木质人造板

木质人造板有多种类型，但规格基本上是 1.22 m×2.44 m，常见的品类有：

（1）胶合板。由原木蒸煮后旋切成大张薄片单板，再通过干燥、整理、涂胶、热压、锯边而成，通常厚度为 0.25～0.3 cm（图 3-1）。

图 3-1　胶合板

（2）纤维板。以木质纤维或其他植物纤维为原料，经纤维分离（粉碎、浸泡、研磨）、拌胶、湿压成型、干燥处理等步骤加工而成的人造板材。

（3）刨花板。刨花板是利用施加胶料（脲醛树脂、蛋白质胶等）或采用水泥、石膏等与下脚料的木材或非木材植物制成的刨花材料（如木材刨花、亚麻屑、甘蔗渣等）压制成的板材。

（4）细木工板。细木工板是指在胶合板生产基础上，以木板条拼接或空心板做芯板，两面覆盖两层或多层胶合板，经胶压制成的一种特殊的胶合板，厚度通常在 15 ～ 20 mm。

（5）实木地板。实木地板是由天然木材直接切割加工而成的地板。按加工方式可分为镶嵌地板块、榫接地板块、平接地板块和竖木地板块。

（6）实木复合地板。这种地板表面采用名贵树种，强调装饰与耐磨，底面注重平衡，中间层用来开具榫槽与榫头，供地板间拼接。因多层木纤维互相交错，提高了地板的抗变形能力。按结构可分为三层实木复合地板、多层实木复合地板和细木工板复合实木地板三种（图 3-2）。

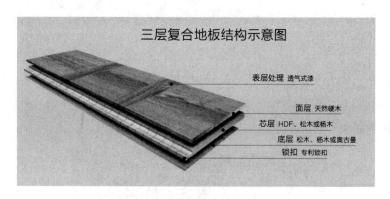

图 3-2　实木复合地板

（7）强化复合地板。这是以一种一层或多层装饰纸浸渍热固性氨基树脂，铺在中密度刨花板或高密度刨花板等人造基板表面，背面加平衡层，正面加耐磨层，经热压而成的人造复合地板。

（8）升降地板。也称"活动地板"或"装配式地板"，是由各种材质的方形面板块、桁条、可调支架，按不同规格型号拼装组合而成。按抗静电功能可分为不防静电板、普通抗静电板和特殊抗静电板；按面板块材质可分为木质地板、复合地板、铝合金地板、全钢地板、铝合金复合矿棉塑料贴面地板、铝合金聚酯树脂复合抗静电贴面地板、平压刨花板复合三聚氰胺甲醛贴面地板、镀锌钢板复合抗静电贴面地板等。活动地板下面的空间可敷设电缆、各种管道、电器和空调系统等。

（9）亚麻油地板。这是不含聚氯乙烯及石棉的纯天然环保产品，主要成分为软木、木粉、亚麻籽和天然树脂。

2. 竹藤制品

（1）竹地板。竹地板是采用中上等竹材料，经高温、高压热固黏合而成，产品具有耐磨、防潮、防燃，铺设后不开裂、不扭曲、不发胀、不变形等特点，特别适合地热地板的铺装。

（2）竹材贴面板。这是一种高级装饰材料，可用作地板、护墙板，还可以制作家具。竹材贴面板一般厚度为 0.1 ～ 0.2 mm，含水率为 8% ～ 10%，采用高精度的旋切机加工而成。

（3）竹材碎料板。这是利用竹材加工过程中的废料，经再碎、刨片、施胶、热压、固结等工艺处理而制成的人造板材（图 3-3）。

图 3-3　竹材碎料板

（二）石　材

1. 大理石

主要是指石灰岩或白云岩在高温高压作用下，矿物重新结晶变质而成的变质岩，具有致密的隐晶质结构，有纯色与花斑两大类。纯色如汉白玉等，花斑有网式花纹，如黑白根、紫罗红、大花绿、啡网纹等，还有条式花纹，如木纹石、红线米黄、银线米黄等（图 3-4）。

2. 花岗石

天然花岗石具有全晶质结构，外观呈均匀粒状、颜色深浅不同的斑点样花纹，属酸性岩石，耐酸性物质的腐蚀。中国花岗石的主要品种有济南青、将军红、芩溪红、芝麻白、中华绿等；进口的花岗石大致有印度红、巴西红、巴西黑、蓝麻、红钻、啡钻、黑金砂、绿星石等（图 3-5）。

图 3-4　大理石

图 3-5　花岗石

3. 文化石

又称"板石"，主要有石板、砂岩、石英岩、蘑菇岩、艺术岩、乱石等。石板类石材有锈板、岩板等，主要用于地面铺装、墙面镶贴和石板瓦屋面等（图 3-6）。

4. 人造石

人造石根据不同的加工工艺可分为：

（1）水泥型人造石。以水泥或石灰、磨细砂为胶结料，砂为细骨料，碎大理石、碎花岗石、彩色石子为粗骨料，经配料、搅拌、成型、加压蒸养、磨光、抛光而成，也称"水磨石"。一般用于地面、踏步、台面板、花阶砖等。

（2）聚酯型人造石。以不饱和聚酯树脂等有机高分子树脂为黏结剂，与石英砂、大理石粉、方解石粉等搅拌混合、浇铸成型，经固化剂固化，再经脱模、烘干、抛光等工序制成。一般用于墙面、地面、柱面、洁具、楼梯踏步面、各种台面等。

（3）微晶玻璃型人造石。又称"微晶板"或"微晶石"，与陶瓷工艺相似，以石英砂、石灰石、萤石、工业废料等为原料，在助剂的作用下，高温熔融形成微小的玻璃结晶体，进而在高温晶化处理后模制成仿石材料（图3-7）。

图 3-6　文化石

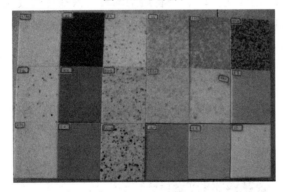

图 3-7　人造石

（三）陶　瓷

陶器通常有一定的吸水率，材质粗糙无光，不透明，敲起来声音粗哑，有无釉和有釉之分。瓷器的材质致密，吸水率极低，半透明，一般施有釉层。介于陶器与瓷器之间的是炻器，也有"半瓷"之称，吸水率小于20%。从陶、炻到瓷，原料从粗到精，烧成温度由低到高，坯体结构由多孔到致密。建筑用陶瓷多属陶质至炻质的产品范围，主要有墙地砖、洁具陶瓷、陶瓷锦砖和琉璃陶瓷四大类。

（四）玻 璃

1. 透明玻璃

即普通玻璃，又称"净片"。其工艺多样，浮法工艺生产的玻璃成本低，表面平整光洁，厚度均匀，光学畸变极小，被广泛应用。浮法玻璃按厚度不同分别有 3 mm、4 mm、5 mm、6 mm、8 mm、10 mm、12 mm，幅面尺寸一般要大于 1 000 mm×1 200 mm，但不超过 2 500 mm×3 000 mm。

2. 磨砂玻璃

磨砂玻璃又称毛玻璃。由普通玻璃或浮法玻璃用硅砂、金刚砂、石榴石粉等材料，加水研磨而成的玻璃称为"磨砂玻璃"；用压缩空气将细砂喷射到玻璃表面而制成的玻璃称"喷砂玻璃"；用氢氟酸溶蚀的玻璃称"酸蚀玻璃"。

3. 压花玻璃

压花玻璃又称"滚花玻璃"，是将熔融的玻璃液在冷却硬化之前经过刻有花纹的滚筒，在玻璃一面或两面同时压上凹凸图案花纹，使玻璃在受光照射时漫射而不可透视（图 3-8）。

图 3-8 压花玻璃

4. 镶嵌玻璃

镶嵌玻璃又叫"拼装玻璃"，是玻璃经过切割、磨边、工型铜条镶嵌、焊接等工艺，重新加工组装的玻璃；拼装玻璃完成后，用准备好的两块钢化玻璃把做好的拼装玻璃镶在中间，再在玻璃周边涂上密封胶；等胶凝固后，抽取层中空气，注入惰性气体以防止铜条日后氧化锈蚀而产生绿斑（图3-9）。

图3-9　镶嵌玻璃

5. 安全玻璃

安全玻璃是指具有承压、防火、防暴、防盗和防止伤人等功能的经过特殊加工的玻璃。主要有以下几种：

（1）夹丝玻璃。也称"防碎玻璃""钢丝玻璃"或"防火玻璃"，由于玻璃内有夹丝，当受外加作用破裂或遇火爆碎后，玻璃碎片不脱落，可暂时隔断火焰，属2级防火玻璃。

（2）钢化玻璃。又称"强化玻璃"，是将玻璃均匀加热到接近软化程度，用高压气体等冷却介质使玻璃骤冷或用化学方法对其进行离子交换处理，使其表面形成压应力层的玻璃。钢化玻璃不能切割、磨削，边角不能碰撞或敲击，须按实际使用的规格来制作加工。

（3）夹层玻璃。又叫"夹胶玻璃"，是在两片或多片玻璃间嵌夹柔软强韧的透明胶膜，经加压、加热黏合而成的平面或曲面复合玻璃。原片玻璃可以是普通平板玻璃、钢化玻璃、颜色玻璃或热反射玻璃等，厚度一般采用3 mm或5 mm。夹层玻璃一般可用2～9层，建筑装修中常用两层或三层夹胶。

6. 空心玻璃

生产空心玻璃砖的原料与普通玻璃相同，由两块压铸成凹形的玻璃经加热熔融或胶结而成整体的玻璃空心砖。由于经高温加热熔接，后经退火冷却，玻璃空心砖的内部有2～3个大气压，最后用乙基涂料涂饰侧面而成（图3-10）。

7. 中空玻璃

中空玻璃是两片或多片平板玻璃在周边用间隔条分开，并用气密性好的密封胶密封，在玻璃中间形成干燥气体空间的玻璃制品。空气层厚度一般为6～12 mm，使其具有良好的保温、隔热、隔声等性能（图3-11）。

图3-10　空心玻璃砖

图3-11　中空玻璃

8. 玻璃马赛克

玻璃马赛克又称"玻璃锦砖"，它表面光滑、色泽鲜艳、亮度好，有足够的化学稳定性和耐急冷，主要用于外墙装饰，也可用于室内墙面、柱面和装饰壁画，可拼成多种图案和色彩。玻璃马赛克单块尺寸为20 mm×20 mm×4 mm、25 mm×25 mm×4.2 mm、30 mm×30 mm×4.3 mm，联长321 mm×321 mm、327 mm×327 mm等，每块边长不得超过45 mm，联上每行或列马赛克的缝距为2～3 mm（图3-12）。

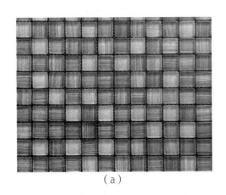

（a）

（b）

图 3-12　常见玻璃马赛克样式

9. 防火玻璃

高强度单片铯钾防火玻璃是一种具有防火功能的建筑外墙用的幕墙或门窗玻璃，它是采用物理和化学的方法，对浮法玻璃进行处理而得到的。它在 1 000 ℃火焰冲击下能保持 84 ～ 183 min 不炸裂，能有效阻止火焰与烟雾的蔓延。

（五）无机胶凝材料

无机胶凝材料也叫"矿物胶结材料"，气硬性的无机建筑胶凝材料只能在空气条件下发生凝结、硬化，产生强度，并在工程操作条件下使强度得以保持和发展。这类材料主要有石灰、水泥、石膏、水玻璃等。

1. 水泥制品

水泥与废纸浆、玻璃纤维、矿棉、天然植物纤维、石英砂磨细粉、硅藻土、粉煤灰、生石灰、消石灰等无机非金属材料或有机纤维材料混合，并添加适当调剂，经过一定工序便可制成各种水泥制品。这些材料防火，不燃，有着水泥的一般特性。室内装修中常见的水泥薄板制品有埃特板、TK 板、FC 板、石棉水泥装饰板、水泥木屑刨花装饰板等。

2. 石膏板

在石膏粉中加水、外加剂、纤维等搅拌成石膏浆体，注入板机或模具成型为芯材，并与护面纸牢固地结合在一起，最后经锯割、干燥成材，形成纸面石膏板。

按用途可分为普通纸面石膏板、耐水纸面石膏板和耐火纸面石膏板三种。

（六）涂　料

涂料一般有木器涂料、内墙涂料、地面涂料、防火涂料和氟碳涂料等。

1. 常用木器涂料

（1）天然树脂漆。漆膜坚硬、光亮润滑，具有独特的耐水、防潮、耐化学腐蚀、耐磨以及抗老化性能。缺点是漆膜色深，性脆，黏度高，不易施工，不耐阳光直射。

（2）脂胶漆。以干性油和甘油松香为主要成膜物质制成，虽然耐水性好，漆膜光亮，但干燥性差，光泽不持久，涂刷室外门窗半年就开始粉化。

（3）硝基漆。以硝化棉为主要成膜物质，加入其他合成树脂、增韧剂、挥发性稀释剂制成，具有干燥快、漆膜光亮、坚硬、抗磨、耐久等特点。主要用于家具、壁板、扶手等木制装饰。硝基漆通常施工遍数多，表面涂抹精细，导致施工成本较高。

（4）聚酯漆。是以不饱和聚酯树脂为主要成膜物质的一种高档涂料，因为过去一直用于钢琴木器表面的涂饰，所以又叫"钢琴漆"。由于不饱和聚酯树脂漆必须在无氧条件下成膜干燥，故推广使用有障碍，但现在采用苯乙烯催化固化，使不饱和聚酯树脂固化变得简单，于是聚酯漆便得到了推广。

（5）聚氨酯漆。聚氨酯漆涂膜坚硬，富有韧性，附着力好（与木、竹、金属等材料），膜面可高光，也可亚光，膜质既坚硬耐磨，又弹缩柔韧。聚氨酯漆的缺点是含有甲苯二异氰酸酯，污染环境，对人体有害。

2. 内墙涂料

（1）聚酯酸乙烯内墙乳胶漆。这种水乳性涂料具有无毒、无味、干燥快、透气性好、附着力强、颜色鲜艳、施工方便、耐水、耐碱、耐候等良好性能。通常用于内墙、顶棚装饰，不宜用于厨房、浴室、卫生间等湿度较高的空间。

（2）乙丙内墙乳胶漆。它是以聚酯酸乙烯与丙烯酸酯共聚乳液为主要成膜物质的涂料，具有无毒、无味、不燃、透气性好，以及外观细腻、保色性好等特征，有半光或全光。乙丙内墙乳胶漆耐碱耐水，价格适中，适宜内墙（顶棚）装饰。

（3）苯丙乳胶漆。它是以苯乙烯、丙烯酸酯、甲基丙烯酸三元共聚乳液为主要成膜物质，具有丙烯酸酯类的高耐光性、耐候性、漆膜不泛黄等特点，其耐碱性、耐水性、耐洗刷性都优于上述涂料，可用于湿度较高部位的内墙装饰，是一种中档内墙涂料，价格适中，耐久年限为 10 年左右。

（4）有机硅 – 丙烯酸共聚乳液涂料。它的耐擦洗性是苯丙乳胶漆的 10 倍，乙丙内墙乳胶漆的 50 倍左右。可覆盖墙体基层的微裂纹，防霉性、保色性均好，耐久年限为 15 年左右。

3. 地面涂料

（1）聚酯酸乙烯地面涂料。它是聚酯酸乙烯乳液、水泥及颜料、填料配制而成的聚合物水泥地面涂料。这种地面涂料是有机物与无机物相结合，无毒、无味，早期强度高，与水泥地面结合力强，具有不燃、耐磨、抗冲击、有一定的弹性、装饰效果比较好以及价格适中等特点。

（2）环氧树脂地面漆。它是以环氧树脂为主要成膜物质，加入颜料、填料、增塑剂和固化剂等，经过一定的工艺加工而成的，可在施工现场调配使用，是目前使用最多的一种地面涂料。施工时现场应注意通风、防火以及环保要求等。

4. 防火涂料

防火涂料的主要作用就是将涂料涂在需要进行火灾保护的基材表面，一旦遇火，具有延迟和抑制火焰蔓延的作用。根据使用环境的不同，防火涂料一般分木结构防火涂料、钢结构防火涂料和混凝土楼板防火涂料三种。

5. 氟碳涂料

氟碳涂料是在氟树脂的基础上经改良、加工而成，是目前性能最为优异的一种新涂料，涂膜细腻，有光泽，其品质有低、中、高档之别。氟碳涂料施工方便，可以喷涂、滚涂、刷涂，现在广泛应用于制作金属幕墙表面涂饰和铝合金门窗、金属型材、无机板材以及各种装饰板涂层、木材涂层和内外墙装饰等。

（七）装饰塑料制品

在装饰装修工程中，除少数塑料是与其他材料复合成结构材料外，绝大部分是作为非结构装饰材料。主要制品有塑料壁纸、塑料地板、化纤地毯、塑料门窗、贴面板、管和管件、塑料卫生洁具、塑料灯具、泡沫保温隔热吸声材料、塑料楼梯扶手等异型材料、有机装饰板、扣板、阳光板以及有机玻璃等。

（八）金属装饰材料

金属装饰材料主要有型钢、轻钢龙骨、不锈钢、彩钢板和铝、铜等制品。

1. 型　钢

型钢（图 3-13）有工字钢、槽钢、角钢三种。工字钢分热轧普通工字钢和热轧轻型工字钢，广泛用于幕墙支撑件、建筑构件等；槽钢也有热轧普通槽钢和热轧轻型槽钢，广泛用于建筑装修工程中接层等工程；角钢在室内装修工程中应用的范围最广，除作一般结构用外，还可用作台面、干挂大理石等辅助支撑结构用钢，有等边角钢和不等边角钢之分。

图 3-13　型钢

2. 轻钢龙骨

轻钢龙骨（图 3-14）是室内装修工程中最常用的顶棚和隔墙的骨架材料，是用镀锌钢板和冷轧薄钢板，经裁剪、冷弯、轧制、冲压而成的薄壁型材，是木格栅吊顶的代用产品。具有自重轻、强度高、抗应力性能好、隔热防火性能优、施工效率高等特点。类型可分 C 形龙骨、U 形龙骨和 T 形龙骨。C 形龙骨主要用来做隔墙竖骨；U 形龙骨用来做沿顶龙骨和沿地龙骨；T 形龙骨主要是吊顶用的龙骨，按吊顶的承载能力大小分上人型吊顶龙骨和非上人型吊顶龙骨。

图 3-14　轻钢龙骨

3. 不锈钢

由于铬的性质比较活跃，所以在不锈钢中，铬首先在环境中氧化合，生成一层致密的氧化膜层，也称"钝化膜"，它能使钢材得到保护，不会生锈。在不锈钢中加入镍元素后，由于镍对非氧化性介质有很强的抗蚀力，因此镍铬不锈钢的耐蚀性就更加出色（图3-15）。

图3-15 不锈钢

4. 彩钢板

彩钢板也称"彩色涂层钢板"，是以冷轧或镀锌钢板为基材，经表面处理后，涂装各种保护及装饰涂层而成的产品（图3-16）。常用的涂层有无机涂层、有机涂层和复合涂层三大类。

图3-16 彩钢板

5. 铝、铜等制品

铝合金目前广泛用于建筑工程结构和室内装饰工程中，如屋架、幕墙、门窗、顶棚、阳台和楼梯扶手以及其他室内装饰等。在现代室内环境中，铜是高级装饰材料，常用于银行、酒店、商厦等装饰，使建筑物或室内装饰显得光彩夺目和富丽堂皇。

（九）装饰纤维织物

装饰纤维织物一般有天然纤维、化学纤维和墙纸壁布等。

1. 天然纤维

（1）羊毛。羊毛纤维弹性好，易于清洗，不易污染、变形、燃烧，而且可以根据需要进行染色处理，制品色泽鲜艳，经久耐用，但是价格比较昂贵。

（2）棉与麻。它们均是植物纤维，布艺有素面和印花等品种，易洗、易熨，便于染色，不易褪色，并且有韧性，可反射热，可做垫套装饰之用。

（3）丝绸。光色柔和，手感滑润，具有纤细、柔韧、半透明、易上色等特点，可用作墙面裱糊或浮挂，是一种高档的装饰材料。

2. 化学纤维

（1）聚酯纤维。又称"涤纶"，其耐磨性能是天然纤维棉花的两倍，羊毛的 3 倍。

（2）聚酰胺纤维。又称"锦纶"或"尼龙"，在所有天然纤维和化学纤维中，锦纶的耐磨性是最好的，是羊毛的 20 倍，是粘胶纤维的 50 倍。锦纶不怕腐蚀、不易发霉、不怕虫蛀，易于清洗。缺点是弹性差、易脏、易变形，并且遇火易熔融，在干热条件下容易产生静电。

（3）聚丙烯纤维。又称"丙纶"，具有质地轻、弹性好、强力高、耐磨性好、易于清洗等优点，而且生产过程也较其他合成纤维简单，生产成本低。

（4）聚丙烯腈纤维。又称"腈纶"，具有耐晒的特征，如果把各种纤维放在室外暴晒一年，那么腈纶的强力降低 20%，棉花降低 90%，而蚕丝、羊毛、锦纶、粘胶等其他纤维的强力则降为零。腈纶不易发霉，不怕虫蛀，耐酸碱侵蚀，但腈纶的耐磨性在合成纤维中是比较差的。

3. 墙纸壁布

（1）纸基织物壁纸。它是由棉、毛、麻、丝等天然纤维以及化纤制成的粗细纱，织后再与纸基黏合而成。这种壁纸用各色纺线排列成各种花纹以达到艺术装饰的效果，特点是质朴、自然，立体感强，吸声效果好，耐日晒，并且色彩柔和，不褪色，无毒、无害、无静电，不反光，具有一定的调湿性和透气性。

（2）麻草壁纸。这种壁纸是以纸为基层，编织的麻草为面层，经复合加工制成，具有吸声、阻燃、不吸尘、不变形和可呼吸等特点，具有古朴、粗犷的自然之美。

（3）棉纺装饰墙布。它是以纯棉平布经过处理、印花后，涂以耐擦洗和耐磨树脂制成。其强度大、静电小、蠕变变形小，并且无光、无味、无毒、吸声，可用于宾馆、饭店及其他公共建筑和比较高级的民用建筑室内墙面装饰。

（4）无纺墙布。它采用棉麻、涤纶、腈纶等纤维经无纺成形，表面涂以树脂，印刷彩色花纹图案制成。其花色品种多、色彩丰富，并且表面光洁，有弹性，不易折碎，不易老化，有一定的透气性和防潮性，可以擦洗，耐久而不易褪色。

除此之外，丝绒、锦缎、呢料等织物也是高级墙面装饰织物，这些织物由于纤维材料、织造方法以及处理工艺的不同，所产生的质感和装饰效果也不同。

二、室内设计的常规构造

（一）墙面装修构造

墙面装修构造主要有隔墙构造和铺贴式墙面、板材墙面、金属板材墙面、玻璃镜面墙面、裱糊装饰墙面、乳胶漆墙面等。

1.隔墙构造

（1）砌块式隔墙。这种隔墙的常用材料有普通黏土砖、多孔砖、玻璃砖、加气混凝土砖等，在构造上与普通黏土砖的砌筑要点相似，一般采用水泥砂浆、石膏或建筑胶为胶结剂黏合而成整体。对较高的墙体，为保证其稳定性，通常采用在墙体的一定高度内加钢筋拉结加固的方式。这种构造的墙，根据所用材料的不同有 300 mm、240 mm、120 mm 等不同厚度（图 3-17）。

（2）立筋式隔墙。立筋式隔墙具有重量轻、施工快捷的特点，是目前室内隔墙中普遍采用的一种方式。

（3）条板式隔墙。这是指单板高度相当于房间的净高，面积较大且不依赖龙骨骨架直接拼装而成的隔墙。常用的条板有玻璃纤维增强水泥条板（GRC板）、钢丝增强水泥条板、增强石膏板空心条板、轻骨料混凝土条板以及各种各样的复合板（如蜂窝板、夹心板）。长度一般为 2 200～4 000 mm，常用

2 400～3 000 mm；宽度以 100 mm 递增，常用 600 mm；板厚有 60 mm、90 mm、120 mm；空心条板外壁的壁厚不小于 15 mm，肋厚不小于 20 mm。

图 3-17　砌块式隔墙

2. 铺贴式墙面

瓷砖与石材在墙面上的铺贴安装方法有贴和挂两种。具体的方法列举如下三种。

（1）粘贴法。通常将砖石用水浸透后取出备用，黏结砂浆采用聚合物水泥砂浆，通常为 1：2 水泥砂浆内掺水泥量 5%～10% 的树脂外加剂，施工完毕后清洁板面，并按板材颜色调制水泥浆嵌缝。

（2）绑扎法。这种方法首先是按施工大样图要求的横竖距离焊接或绑扎钢筋骨架，然后给饰面板预拼排号，并按顺序将板材侧面钻孔打眼（常用的打孔法是用 4 mm 的钻头直接在板材的端面钻孔，孔深 15 mm 左右，然后在板的背面对准端孔底部再打孔，直至连通端孔，这种孔称为"牛鼻子孔"。另外还有一种打孔法是钻斜孔，孔眼与面板呈 35° 左右）。安装时，将铜丝穿入孔内，然后将板就位，自下而上安装，随之将铜丝绑扎在墙体横筋上即可。最后，再用 1：2.5 的水泥砂浆分层灌筑，全部安装完毕后，清洁嵌缝。

（3）干挂法。这种方法是在需要干挂饰面石材的部位预设金属型材，打入膨胀螺栓，然后固定，用金属件卡紧固定，石材挂后进行结构粘牢和胶缝处理。

3. 板材墙面

木质罩面板主要由基层、龙骨连接层、面层三部分组成。基层的处理是为龙骨的安装做准备，通常是根据龙骨分档的尺寸，在墙上加塞木楔，当墙体材料为混凝土时，可用射钉枪将木方钉入。木龙骨的断面一般采用 20～40 mm×40 mm，木骨架由竖筋和横筋组成，竖向间距为 400～600 mm，横筋可稍大，一般为600 mm 左右，主要按板的规格来定（图 3-18）。

图 3-18　板材墙面

为了防止墙体的潮气使面板出现开裂变形或出现钉锈和霉斑，并且木质材料属于易燃物质，因此必须进行必要的防潮、防腐和防火处理。面层材料主要有板状和条状两种。板状材料如胶合板、膜压木饰面板、刨花板等，可采用枪钉或圆钉与木龙骨钉牢、钉框固定和用大力胶粘接三种方法，如果将这几种方法结合起来效果会更好；条状材料通常是企口板材，可进行企口嵌缝，依靠异型板卡或带槽口压条进行连接，可以减少面板上的钉固工艺，保持饰面的完整和美观。

木质饰面板板缝的处理方法很多，有斜接密缝、平接留缝和压条盖缝等。当采用硬木装饰条板为罩面板时，板缝多为企口缝。

此外，其他装饰板材墙面还有万通板、石膏板、塑料护墙板饰面、夹心墙板、装饰吸声板饰面等，其施工工艺也主要是基层、龙骨和面层，但根据各种板材自身的属性，在具体操作时存在着一定的差异。

4.金属板材墙面

（1）铝合金板饰面构造。这种构造有插接式构造和嵌条式构造两种。插接式构造是将板条或方板用螺钉等紧固件固定在型钢或木骨架上，这种固定方法耐久性好，多用于室外墙面；嵌条式构造是将板条卡在特别的龙骨上，此构造仅适用于较薄板条，多用于室内墙面装饰（图 3-19）。

图3-19 金属板材素材

（2）不锈钢板饰面构造。这种构造有三种常见形式：一是铝合金或轻钢龙骨贴墙，即先将铝合金或轻钢龙骨直接粘贴于内墙面上，再将各种不锈钢平板与龙骨粘牢；二是墙板直接贴墙，将各种不锈钢平板直接粘贴于墙体表面上，这种构造做法要求墙体找平层特别固定，才能与墙体基层黏结牢固；三是墙板离墙吊挂，适用于墙面突出部位，如突出的线脚、造型面部位以及墙内需要加保温层部位等。另外，木龙骨贴墙做法是在墙上钻眼打楔，制作木龙骨并与木楔钉牢，再铺设基层板，将不锈钢饰面板用螺钉等紧固件或胶黏剂固定在基层板上，最后用密封胶填缝或用压条遮盖板缝。

（3）铝塑板饰面构造。主要有无龙骨贴板构造、轻钢龙骨贴板构造、木龙骨贴板构造等，无论采用哪种构造，均不允许将铝塑板直接贴于抹灰找平层上，而应贴于纸面石膏板或阻燃型胶合板等比较平整光滑的基层上。粘贴方法有黏结剂直接粘贴法、双面胶带及粘贴剂并用粘贴法、发泡双面胶带直接粘贴法等。

5.玻璃镜面墙面

（1）有龙骨做法。清理墙面，整修后涂建筑防水胶粉防潮层，安装防腐防火木龙骨，然后在木龙骨上安装阻燃型胶合板，最后固定玻璃镜面。玻璃固定方法有以下几种：一是螺钉固定法，即在玻璃上钻孔，用镀锌螺钉或铜螺钉直接把玻璃固定在龙骨上，螺钉需要套上塑料垫圈以保护玻璃；二是嵌钉固定法，即在玻璃的交点处用嵌钉将玻璃固定于龙骨上，把玻璃的四角压紧固定；三是粘贴固定法，即用玻璃胶把玻璃直接粘贴在衬板上；四是托压固定法，即用压条和边框托压住玻璃，固定于木筋上。

（2）无龙骨做法。先满涂建筑防水胶粉防潮层，做镜面玻璃保护层（粘贴牛皮纸或铝箔一层），然后用强力胶粘贴镜面玻璃，封边、收口。

6.裱糊装饰墙面

墙纸、墙布的装饰均采用这种工艺，其基本的裱糊工具有水桶、板刷、砂纸、弹线包、尺、刮板、毛巾和裁纸刀等。施工顺序是先处理墙面基层，然后弹垂直线，并根据房间的高度拼花、裁纸，接下来是熨纸，让纸展开，最后就可涂胶粘贴墙纸了。

7.乳胶漆墙面

墙面粉刷乳胶漆时，应先将基层的缺棱掉角处用 1 : 2.5 ～ 1 : 2 的水泥砂浆修补，表面麻面以及缝隙用泥子填补平齐，基层表面要清洁干净，再用刮刀在基层上刮一遍泥子，要求刮得薄，收得干净、均匀、平整，无飞刺，待泥子干透后，用 1 号砂纸打磨，注意保护棱角，要求达到表面光滑、线角平直、整齐一致，该步骤须至少重复两次。然后涂刷底漆，涂刷时要上下刷，后一排笔要紧接前一排笔，互相衔接，注意不要漏刷，保持乳胶漆的稠度。底漆轻磨后涂刷三遍面漆，每遍面漆干燥后即可涂刷下一遍面漆，乳胶漆稠度要适中，涂漆厚度均匀，颜色一致，表面清洁无污染，无色差和搭接痕迹以及无掉粉起皮、泛碱咬色、漏刷透底、流坠等质量问题（图 3-20）。

图 3-20　乳胶漆墙面

（二）地面装饰构造

地面装饰构造一般有陶瓷地砖地面、石材地面、木质地板地面、复合地板地面和人造软质地面。

1. 陶瓷地砖地面

地砖铺贴前应找好水平线、垂直线和分格线，如遇面积大、纹路多、自然色泽变化大的地砖铺贴，必须进行试铺预排、编号、归类的工艺程序，使花纹和色泽均匀，纹理顺畅。铺砌前，先将水泥地面刷一遍水灰比为 0.4～0.5 的水泥砂浆，随刷随摊铺水泥砂浆结合层；摊铺干硬性水泥砂浆结合层（找平层），摊铺砂浆长度应在 1 m 以上，宽度要超出平板宽度 20～30 mm；铺砌时应分两道工序进行，先采用 C20 细石混凝土做找平层，并敷设管线，待找平层干缩稳定后，用干性 1：2.5 水泥砂浆铺砌地砖，不可一道工序就完成铺砌。然后，将地砖安放在铺设的位置上，对好纵横缝，用橡皮锤（或木锤）轻轻敲击板块料，使砂浆振实，当锤击到铺设标高后，将地砖搬起移至一旁，检查砂浆黏结层是否平整密实，如有空鼓，用砂浆补上后抹一层水灰比为 0.4～0.5 的水泥砂浆，接着正式进行铺贴。铺贴后 24 h 内不可践踏或碰撞石材，以免造成破损松动。

2. 石材地面

铺设石材地面（图 3-21）底层要充分清扫、湿润，石板在铺设前一定要浸水湿润，以保证面层与结合层黏结牢固，防止空鼓、起翘等问题。结合层宜使用干硬性水泥砂浆，水泥和砂配合比常用 1：3；等到板块试铺合适后，再在石板背面刮素水泥浆，以确保整个上下层黏结牢固，接缝一般为 1～10 mm 的凹缝。另外，铺贴石材时，为防止污渍、锈渍渗出表面，在石板的里侧必须先涂柏油底料及耐碱性涂料后方可铺贴。

图 3-21　石材地面

3. 木质地板地面

一般木质地板采用实铺式地面，直接在实体基层上铺设木格栅，格栅的截面尺寸较小，一般是 30 mm × 50 mm，间隔 450 mm 左右，格栅可以借助多用钢钉直接将格栅龙骨钉入混凝土基层。有时为了提高地板弹性，可以做成纵横两层格栅，格栅下面可以放入垫木，以调整不平整的情况。为防止木材受潮而产生膨胀，在木格栅与混凝土接触的底面上要做防腐处理。木质地板地面如图 3-22 所示。

图 3-22　木质地板地面

4. 复合地板地面

铺设复合地板的基层地面（图 3-23）要求平整，无凹凸不平现象，需要清理地面附着的各类浮土杂物，保持干燥清洁，对于地面大面积的水平误差，一定要重新进行水泥砂浆的二次找平，再精确测量好所铺地板部位的细部尺寸和铺设方向后，即可进行地板铺设。地板到墙边必须留伸缩缝，对于走廊等纵向较长处的铺设，可采用横向铺设，以防伸缩变形，并在铺设前先铺设泡沫垫层。复合地板房间的踢脚板一般为配套踢脚板，用于地板的收口处理。地板铺设完毕，再进行踢脚线安装，安装时应压紧复合地板。

图 3-23　复合地板地面

5.人造软质地面

地毯是典型的软质地面，其自身的构造有面层、粘接层、初级背衬和次级背衬等，其编织方法也有多种。铺设方法分为固定和不固定两种。固定式的铺设方法又分两种：一种是黏结式，即用施工黏结剂将地毯背面的四周与地面黏结住；另一种是卡条式，在房间周边地面上，安设带有朝天的小钉钩木卡条板，将地毯背面固定在木卡条的小钉钩上，或采用铝及不锈钢卡条将地毯边缘卡紧，再固定于地面上。人造软质地面如图 3-24 所示。

图 3-24　人造软质地面

（三）顶棚装修构造

悬吊式顶棚一般由悬吊部分、顶棚骨架、饰面层和连接部分组成（图 3-25）。悬吊部分包括吊点、吊杆和连接件。顶棚骨架又叫"顶棚基层"，是由主龙骨、次龙骨、小龙骨等形成的网格骨架体系，其作用是承受饰面层的重量并通过吊杆传递到楼板或屋面板上。饰面层又称"面层"，主要作用是装饰室内空间，并且兼有吸音、反射、隔热等特定的功能，饰面层一般有抹灰类、板材类、开敞类。连接部分是指悬吊式顶棚龙骨之间，悬吊式顶棚龙骨与饰面层、龙骨与吊杆之间的连接件、紧固件，一般有吊挂件、插挂件、自攻螺钉、木螺钉、圆钢钉、特制卡具、胶粘剂等。

图 3-25　悬吊式顶棚

各类饰面板与龙骨的连接大致有以下几种方式：

（1）钉接。即用铁钉、螺钉将饰面板固定在龙骨上。

（2）粘接。即用各种胶、黏结剂将板材粘贴于龙骨底面或其他基层板上。

（3）搁置。即将饰面板直接搁置在倒 T 形断面的轻钢龙骨或铝合金龙骨上。

（4）卡接。即用特制龙骨或卡具将饰面板卡在龙骨上，这种方式多用于轻钢龙骨、金属类饰面板。

（5）吊挂。即利用金属挂钩龙骨将饰面板按排列次序组成的单体构件挂于其下。

吊顶的一般工艺是先在顶棚标高处定位弹线，再划分龙骨分档线，按设计要求在标高水平线上为龙骨分档，主、次龙骨应避开灯位，主龙骨与平行的墙面距离应小于 300 mm，主龙骨间距应小于 1 200 mm。在空调风口、室内风机等特殊部位应增加主龙骨。次龙骨间距应为 300 mm，吊顶板间接缝处应放置次龙骨。安装主龙骨吊杆宜采用膨胀螺栓固定 M8 全牙吊杆，根据水平线确定吊杆下端头的标高，并按主龙骨位置固定吊杆，吊杆在主龙骨端头位置应小于 250 mm，吊杆间距不大于 1 200 mm。主龙骨安装好后要拉线校正，再安装次龙骨。次龙骨分档必须按图纸要求进行，四边龙骨贴墙边，所有卡扣、配件位置要求准确牢固。

（四）门窗装饰构造

门窗按开启方式可分为平开门（窗）、推拉门（窗）、回转门（窗）、固定窗、悬窗、百叶窗、弹簧门、卷帘门、折叠门，此外还有上翻门、升降门、电动感应门等，不同形式的门窗有着不同的内部构造。

对于门窗的装饰构造而言，门窗套是最基本也是最常见的一种。现以门套为例，其基本工艺是先检查土建预留门洞是否符合门套尺寸的要求，如不符合应修补整改后施工。门套基层为双层细木工板，将双层细木工板用木工专用胶水黏合后压制成型，并按设计尺寸和实际厚度进行配料，门套超出墙体 2 mm（厨房、卫生间门套应超出墙体 20 mm），同一门框横、竖板规格要统一，而且木门套须做好防腐处理。然后在门洞左右两侧以及顶部用冲击钻头钻孔，把 14 mm×14 mm×80 mm 的木楔敲入孔内，固定点上下间距不大于 450 mm、不小于 400 mm，同一高度并设两只，再把预制好的门套用 3.5 寸（约 117 mm）镀锌铁钉固定在木楔上，铁钉需要进行防锈处理，固定时要吊线校正，门套高度和宽度与规格尺寸误差不大于 1 mm；门套下部应与地面悬空，底部高于毛地面 20 mm，下部 200 mm 应做防潮处理。门套与墙面缝隙可用发泡剂封堵，面层用水泥砂浆粉刷平整。

目前，室内装修过程中的很多制作部分越来越多地采用工厂化外加工的方式，门窗套也不例外。这一方面便于同时交叉施工，大大缩短工期；另一方面，工厂化制作的工艺效果往往有手工制作不可比拟的优越性，不但快捷，而且优质。

三、室内设计人员与施工人员的配合

除了要了解室内装修实际可选用的材料以及施工的基本工艺、构造之外，室内设计人员还需要知道在施工过程中应该如何与施工人员进行配合，将设计成果比较好地落实到现实空间中。

（一）现场跟踪

1. 图纸交底

一般来说，如果是直接委托项目，图纸交到施工方以后会留出一段时间供施工方负责人对图纸内容进行消化吸收，之后设计方和施工方应约定时间到施工现场进行图纸交底，解决施工方在理解图纸过程中产生的所有疑问。这一过程是十分重要的，能确保施工方在工地开工之前对图纸有全面深入的了解，是后期施工顺利进行的基础。如果是施工招标项目，业主方一般会在施工招标文件上交之前组织答疑会议，届时对图纸内容的交底将是一个重要的部分。设计方应做好答疑准备，并将一些在图纸理解上容易出现误解的地方提示出来，再利用多媒体等手段进行详细解说。总之，帮助施工方在正式开工之前深入地了解图纸内容，明确在施工过程中可能会遇到的问题是设计师的基本工作之一。

2. 现场监管

施工正式开始以后，设计方制作的施工图纸将在现场逐步实施，有时难免会有一些细节部分，设计图纸的表达不够详尽，或施工人员会出现理解偏差。因此，设计人员需要定期到施工现场解决这些问题。对于一些大型项目，一般业主方还会委托专业的监理公司监理，现场大多有一个或数个监理人员进行监控审核。通常情况下，施工方必须严格按图施工，特殊情况则需要设计方、施工方、监理方和业主方四方共同开会探讨和解决出现的问题，以确保项目的顺利开展。

3. 施工变更

设计项目开始之前，业主方提供的原始建筑空间资料，或者是设计方自己测绘所得的现场资料，有时难免会与实际状况形成误差。特别是一些改造项目，测绘时现场可能还没有完全拆除或清理干净，一些隐蔽的结构还没有展现出来。这些因素都会导致设计方提供的施工图纸与现场不吻合，这就需要设计师到现场进行实地勘察，并提出解决方案，重新变更图纸。另外，业主方也可能因为一些自身的原因对图纸提出变更要求，如项目计划有更改等；或在主要材料的选择确认过程中，出现断货、材料加工周期过长、材料价格超出预算等问题，这些因素也可能导致设计施工图纸的变更。需要特别注意的是，施工过程中出现的变更问题需要由设计方重新提出方案，并由施工方、监理方和业主方共同签字确认方能生效，而且这些变更资料将成为后期绘制竣工图进行竣工决算的根本依据，因此要一式四份，四方各持一份。

（二）材料选样

通常，室内设计在初期就会指定施工过程中要用到的各种材料，但这种指定具有不确定性，更多的是对最终效果的一种材料组合的考虑，至于材料的具体厂家、品牌、型号、规格、价格等问题，常常无法在施工开展之前就一一确定，虽然有时一些主要材料也会在前期就由设计师通过市场选样确认，但是依然不可避免在施工过程中要对各种材料进行细化选样。此外，材料不仅关系到项目的空间效果，还与工程的整体造价密切相连，类似效果的材料有时由于品牌和品质的差异，价格会相差数倍。因此，材料选样有时只是空间效果和工程预算之间的一种权衡，毕竟不计成本的项目是比较少的。

设计施工图在制作过程中一般还应该包括主要材料的样品提供和全部材料的汇总表格，这是后期在施工过程中能够顺利进行材料确认的关键。一个合格的设计师应该既了解材料市场各种新产品、新材料的基本动向，又掌握各种材料的基本属性以及在施工中的应用方式。

（三）竣工验收

室内设计工程项目竣工是指工程项目经过承建方的准备和实施活动，已完成项目承包合同规定的全部内容，并符合发包方的意图和达到使用的要求。竣工验收标志着工程项目建设任务的全面完成，是全面检验工程项目是否符合设计要求和工程质量检验标准的重要环节，也是检查工程承包合同执行情况，促进建设项目交付使用的必然途径。

竣工验收的条件和标准是室内装饰设计工程项目质量检验的重要内容和依据。

1. 竣工验收条件

竣工验收条件是指设计文件和合同约定的各项施工内容已经实施完毕，工程完工后，承包方按照施工以及验收规范和质量检验标准进行自检，以确定是否达到验收标准，符合使用要求。自检包括以下几个方面：

（1）与室内设计专业配套的相关工程以及辅助设施按照合同和施工图规定的内容是否全部施工完毕，并达到相关专业技术标准，质量验收合格。

（2）有完整并经核定的工程竣工资料，符合验收规定。

（3）有勘察、设计、施工、监理等单位签署确认的工程质量合格文件。

（4）有工程使用的主要建筑材料、构配件、设备进场的证明及试验报告。

（5）有施工单位签署的工程质量保修书。

2. 竣工验收标准

竣工验收标准指的是工程质量必须达到合同约定的标准，同时符合各专业工程质量验收标准的规定，否则一律不能交付使用。根据我国国家标准《建筑工程施工质量验收统一标准》（GB 50300—2013）对单位工程质量验收合格规定如下。

（1）所含分部工程的质量均应验收合格。

（2）质量控制资料应完整。

（3）所含分部工程有关安全、节能、环境保护和主要使用功能的检验资料应完整。

（4）主要使用功能的抽查结果应符合相关专业验收规范的规定。

（5）观感质量应符合要求。

设计人员在项目竣工验收的过程中应积极配合，协助发包方、监理方对项目的施工质量和最终效果进行验收，并且协助施工方整体完善竣工资料。

第四章　室内设计的基本原理和应用技术

第一节　室内空间的组成以及设计程序

一、室内空间的组成

室内空间的所有物体均需通过一定形式才能表现出来，形式来源于人们的形象思维，是人们根据视觉美感和精神需求而进行的主观创造。

（一）关于形

1. 形的主要内容

（1）空间形态。室内空间由实体构件限定，而界面的组合赋予空间以形态，是具体形象的生动表现，是我们日常生活中存在的物体，容易识别，有生命性和立体感，同时影响人们在空间中的心理感受和体验。

（2）界面形状。空间的美感和内涵通过界面自身形状表现出来。墙面、地面等对室内环境塑造具有重要影响。因此，非常有必要对这些实体要素进行再创造和设计。

（3）内含物造型及其组合形式。室内的家具、灯具等内含物是室内环境中的又一大实体，是室内形的重要组成部分，可以美化室内环境，增加艺术感。

（4）装饰图案。这里的装饰图案是墙面上的壁画、地面铺地的图案、家具上的花纹装饰等，是具体形象的高度概括，图形简洁、抽象化、平面化，难以识别，这些装饰图案的形式也或多或少地参与室内形的构成。

2. 形的基本要素

研究室内环境的形，包括实体的造型和它们之间的关系，都可将其抽象为点、线、面的构成。室内点、线、面的区分是相对而言的，宽度、长度比例的变化可形成面和线的转换，从视野及其相互关系的角度决定其在空间中的构成关系。

3. 形的表现形式

形即形状，以点、线、面、体等几种基本形式表现，能给人带来不同的视觉感受。

（1）点。点以足够小的空间尺度，占据主要位置，可以以小压多、画龙点睛。

（2）线。点移动而形成线，人的视线足够远且物体本身长比宽不小于10：1时，就可视为线，用线来划分空间，形成构图。

（3）面。线的移动产生面，面在室内空间中应用频率很高，如顶面、地面、隔断、陈设等。

（4）体。体通常与量、块等概念相联系，是面移动后形成的。

（二）关于光

光是室内设计的基本构成要素，对光的运用和处理要认真加以考虑。

1. 光源类型

光分为自然光和人造光。人造光能对形与色起修饰作用，能使简单的造型丰富起来。光的强弱虚实会改变空间的尺度感。

2. 照明方式

对空间中照明方式进行合理设计能使人感到宽敞明亮，可以是直接照明也可以是间接照明。对于整体照明来说，为空间（如进餐、阅读等区域）所提供的照明使空间在视觉上变大，属强调或装饰性照明，重点突出照明对象，使其得以充分展现。

3. 照明的艺术效果

营造气氛，如办公室中亮度较强的白炽灯，现代感强。例如，粉红色、浅黄色的暖色灯光可营造柔和温馨的气氛，加强空间感。明亮的室内空间显得宽敞，昏暗的房间则显得狭小。照明可以突出室内重点部分，从而强化主题，并使空间丰富而有生气。通过各种照明装置和一定的照明布置方式可以丰富室内空间。例如，利用光影形成光圈、光环、光带等不同的造型，将人们的视线引导到某个室内物体上。

（三）关于色

色彩不仅可以表现美感，还对人的生理和心理感受具有明显的影响，如明度高的色彩显得活泼而热烈，彩度高的色彩显得张扬而奢华。

色彩的高明度、高彩度和暖色相使空间显得充实，而单纯统一的室内色彩则对空间有放大作用。色彩具有重量感，彩度高的色彩较轻，彩度低的色彩较重，相同明度和彩度的暖色相对冷色较轻。

二、室内空间的设计程序

室内设计按照工程的进度大体可以分为三个部分，即概念及方案设计阶段、施工阶段、竣工验收阶段。一般情况下，概念及方案设计阶段是确定方案及绘制施工图的阶段，这个阶段需与使用者反复讨论和修改，进行方案的最终确定；施工阶段是按照施工图的相关信息对室内设计理念进行表达的过程，以运用技术实现设计意向；竣工验收阶段是将施工的结果进行验收的阶段，这个阶段需根据验收的结果绘制竣工图纸，进行备案。三个阶段是按照顺序进行，相互联系的。

（一）概念及方案设计阶段

1. 概念设计

概念设计是根据业主的要求进行的效果最优化设计，设计可能比较夸张，设计理念往往比较先进，对实际施工过程的工艺及成本考虑相对较少。

概念设计是实现业主想法的设计过程，通过概念设计建立业主对设计区域的最初认识，形成业主与设计者之间的沟通。

2. 方案设计

方案设计是针对概念设计确定的效果进行更加实际的精细化设计。在方案设计阶段需要将成本及工艺等内容融合在设计的范畴之内，进行比较和综合思考。在方案设计阶段需要与业主进行多次沟通，在沟通的过程中寻求性价比较高、设计效果最能贴近概念设计的方案。方案经过确认后绘制施工图，施工图要求能够比较全面地说明设计的做法和相应的材质使用等问题，能够准确地指导施工实现设计成果。

（二）施工阶段

施工阶段是指按照施工图纸实现设计理念的过程。没有准确的施工，再好的设计方案也难以实现。施工阶段是方案设计阶段的延续，也是更具体的工作过程。

施工进场第一项是根据施工图的内容确定需要改造的墙体，对需要改造的墙体的尺寸、界限、形式进行标示。在业主书面确定的情况下，以土建方 ±1 m 标高线上，上返 50 mm 作为装饰 ±1 m 标高线，并以此为依据确定吊顶标高控制线。确定吊顶、空调出 / 回风口、检修孔的位置。施工进场前需要依据施工图的重要内容进行确认和对照，施工人员和设计人员对图纸中不明确的地方进行敲定。

硬装工程指在现场施工中瓷砖铺贴、天花造型等硬性装修，这些是不能进行搬迁和移位的工程。这些硬装工程是整个室内设计中主要使用界面的处理过程，需要大量的人力和工时，是室内设计施工过程中的重要环节。一般根据硬装工程的工序进行施工程序的划分。

先根据龙骨位置进行预排线，定丝杆固定点，安装主龙骨，进行调平，然后安装次龙骨。根据轻钢龙骨的专项施工工艺进行精确的制定与安装。

石膏板、瓷砖等装饰材料在进行安装前，需要进行定样，然后材料进场进行施工。小样的确认能便于甲方和施工方的沟通，保证整体设计的效果。石膏板吊顶需要从中心向四周进行固顶封板，双层板需要进行错缝封板，防止开裂。转角处采用"7"字形封板。轻钢龙骨隔墙根据放线位置进行龙骨固定，封内侧石膏板用岩棉作为填充材料。

样板间中的木质材料（如细木工板、密度板）应涂刷防腐剂、防火涂料三遍。公共建筑的室内装修基材需要采用轻钢龙骨，以满足防火要求。

瓷砖需从统一批号、同一厂家进货，根据施工图将瓷砖进行墙面、地面的排布，确认无误后订货。

地面需要用 1 : 2.5 的水泥砂浆进行找平，并注意找平层初凝后的保护。由于地面重新找平，地面上第一次放线后线被覆盖，需要进行第二次放线。

涂饰工程施工前需要涂饰工做准备工作，涂料饰面类应用防锈泥子填补钉眼、吊顶、墙面先用胶带填补缝隙，先做吊顶、墙面的阴阳角，然后大面积地批泥子；粘贴类应在粘贴前四天刷清漆，在窗框、门框等处贴保护膜，防止交叉污染。

湿作业应在木饰面安装前完成，注意不同材质的交接处。条文及图案类墙纸需要注意墙体垂直度及平整度的控制。工程中应注意各工种的交接与程序，避免对成品造成破坏。

瓷砖铺贴应注意对砖面层的保护，地面瓷砖用硬卡纸保护，墙面用塑料薄膜保护。地砖需进行对缝拼贴，从中心向四周进行铺设，或中心线对齐铺设，特别是地面带拼花的地面砖，要控制拼花的大小及范围。

木饰面安装一般都在工厂进行裁切，到场进行安装。组装完成后注意细节的修补，并进行成品保护。

地板铺贴应先检查基层平整度，然后弹线定位，进行铺贴。铺贴地板后及时进行成品保护。

墙体粘贴需提前三天涂刷清漆，铺贴前需将墙面湿润，根据现场尺寸进行墙纸裁切。

硬包应预排包覆板，于安装后进行成品保护。

玻璃一般情况下由工厂生产，到场后安装，然后进行打胶、调试。

马桶及洁具、浴盆的安装需要按照放线进行对位。安装工程还包括灯具安装、五金件安装、大理石安装、花格板安装及控制面板安装。

（三）竣工验收阶段

在竣工验收阶段需要对细节进行检查，及时对工程中的遗漏之处进行修补，进行竣工验收准备以及清理。

验收环节包括水电、空调管线在吊顶安装前是否完成隐蔽工程的调试，工程收口处的处理是否整齐，瓷砖铺贴对缝是否平直，墙纸对缝图案是否完整，五金件、门阻尼、插口是否使用方便。

验收合格后要及时绘制竣工图纸，对装饰装修工程进行说明，并通过竣工图纸进行表述。竣工图纸要进行相应的备案，便于日后维修进行查阅。

第二节　室内设计的材料构造与采光照明

一、室内设计的材料构造

（一）室内设计材料

材料的力学性能和机械性能表现为材料的强度、弹性和塑性、冲击的韧性与脆性以及材料的硬度和耐磨性。其中,材料的强度是指材料对抗外力的能力。弹性是材料在外力的作用下会产生变形,之后能够恢复至原来形状的性能。钢材和木材都具有一定的弹性,使用标准是能够承受较大变形而不会被破坏。脆性是材料遭冲击变形而被破坏的性能。硬度是材料局部抵抗硬物压入其表面的能力。耐磨性是材料抵抗磨损的能力,在地面材质的应用中耐磨性能尤为重要。

根据类别不同,材料可分为木材、板材、石材、玻璃、瓷砖等几大类。

1. 木　材

木材在室内设计中经常使用,除了木材自身色彩和花纹装饰效果好之外,木材易于加工、取材方便的特点也使之成为室内装饰中的重要材料。木材的种类很多,不同的空间可以选择不同的木材。

2. 板　材

板材常用规格为长 2.44 m、宽 1.22 m。常用厚度有 3 mm、5 mm、6 mm、9 mm、12 mm、15 mm、16 mm、18 mm、25 mm。市场上比较常见的板材有细木工板、密度板、刨花板、集成材、实木颗粒板和多层实木板。为了装饰外表面,还有防火板等板材形式。

3. 石　材

在室内设计中,经常使用的石材有大理石、花岗石和人造石材。

4. 玻　璃

常用玻璃根据使用特点可分为平板玻璃、装饰玻璃和特种玻璃三大类。

5. 瓷　砖

瓷砖按照其制作工艺及特色可分为釉面砖、通体砖、抛光砖、玻化砖及马赛克瓷砖。不同特色的瓷砖有各自的用途和特点,可以根据功能需要和风格的要求进行选择和使用。

(二)室内设计构造

在室内设计中,构造节点主要包括天花的构造、墙面的构造、楼地面的构造以及细部的构造四个方面。由于室内设计施工工艺及使用材料比较多样,相对于建筑设计，室内设计中的构造节点较多。构造节点位置不同，所采用的处理形式也有所不同，在实际应用中构造形式灵活性较强，工艺更新速度较快。

1. 天花的构造

天花根据构造形式主要分为直接式天花和悬吊式天花。直接式天花是指在屋面或楼面的结构底部直接进行处理的天花，这种天花构造比较简单。悬吊式天花是通过吊筋、龙骨等进行悬吊塑造的天花，这种天花造型比较复杂，装饰效果好，适用范围比较广泛，在公共空间和高档居住空间中都可以应用。

2. 墙面的构造

墙面装饰从构造的角度可以分为抹灰类、粘贴类、钩挂类、贴板类、裱糊类、喷涂类六大类。每一类在基层与找平层的处理上均有很大的相似之处，在面层和结合层的处理上则有各自的特点。

3. 楼地面的构造

楼地面一般由基层、垫层和面层三部分组成。地面基层多为素土或加入石灰、碎砖的夯实土。面层又可以称为表层，即承受各种物理和化学作用的表面层。根据面层的不同，楼地面可以大致分为陶瓷类地面、石材类地面、木质地面、塑胶类地面等。

4. 细部的构造

室内设计除了天花、墙面和楼地面之外，其他部位的构造比较多，隔墙、隔断、楼梯栏杆与扶手以及家具台柜等都是室内细部的重要组成部分。

二、室内设计的采光照明

在物理学中，光是一种电磁波，是一种能的特殊形式，而不可见光则不能被肉眼直接感受。人们在认识世界时，80%的信息量来源于视觉，没有光就无法感知外界物体的形状、大小、明暗、色彩、空间和环境。

（一）常用光源的种类

1. 自然采光

自然光由直射地面的阳光和天空光组成。自然采光节约能源，贴近自然，使人在视觉上、心理上感觉更为舒适和习惯。从设计的角度来看，采光部位、采光口的面积大小和布置形式将影响室内采光效果。

2. 人工光源

在照明设计中，光源根据发光原理的不同，可以大致分成三种方式：热辐射发光、气体放电发光、电致发光。

（1）热辐射发光。即利用电流将物体加热至白炽状态而发光的光源，主要有白炽灯、卤钨灯。

（2）气体放电发光。这类光源主要利用气体放电发光，根据光源中气体的压力又可分为低压放电光源和高压放电光源，前者主要有荧光灯和低压钠灯，后者主要有金属卤化物灯和高压钠灯。

（3）电致发光。即将电能直接转换为光能的发光现象，主要指 LED 光源和激光。

（二）室内常用的人工光源

1. 白炽灯

白炽灯是最普通的灯具类型，光色偏橙，显色性好，色温低，发光效率较低，使用寿命较短，装卸方便，是居住空间、公共空间照明的主要光源（图 4-1）。

图 4-1　白炽灯

2. 卤钨灯

卤钨灯属于热辐射光源，利用卤钨循环的原理提高光效和延长使用寿命，广泛应用于大面积照明和定向照明的场所，如展厅、广场等（图 4-2）。

图 4-2　卤钨灯

3. 荧光灯

荧光灯（图 4-3）是一种低压放电光源，管壁涂有荧光物质，常用的 T8 型荧光灯瓦数主要有 18 W、30 W、36 W 几种。瓦数越大的荧光灯，灯管长度越长。一般 T8 型荧光灯的平均寿命为 6 000 h 左右。

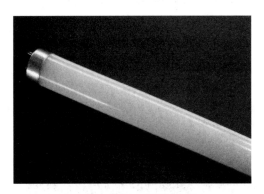

图 4-3　荧光灯

4. 紧凑型荧光灯

紧凑型荧光灯又称为节能灯，自问世以来就以光效高、无频闪、无噪声、节约电能、小巧轻便等优点而受到青睐。

5. 钠　灯

钠灯是利用钠蒸气放电发光的气体放电灯，钠灯的光色呈橙黄色，适用于大面积照明，如广场照明、泛光照明、道路照明等（图4-4）。

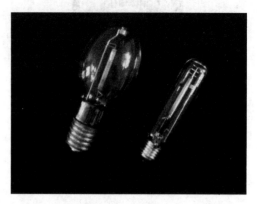

图4-4　钠灯

6. 发光二极管

发光二极管简称 LED，具有体积小、功率低、高亮度、低热、环保、使用寿命长等特点。发光二极管已被广泛地应用于商业空间照明以及建筑照明等（图4-5）。

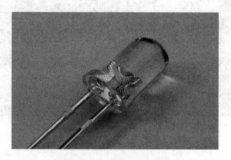

图4-5　发光二极管

（三）室内常用的照明灯具类型

室内照明灯具按其安装方式，一般分为固定式灯具和可移动灯具。

1. 固定式灯具

固定式灯具是不方便移动的灯具，包括嵌入式灯具和明装灯具两类。嵌入式灯具主要包括嵌入式筒灯、嵌入式射灯等，明装灯具包括明装筒灯、明装射灯、吸顶灯、吊灯等。（图4-6）。

图4-6　固定式灯具

2. 可移动灯具

可移动灯具主要是指台灯和落地灯，普遍用于局部照明。可移动灯具灵活性强，可以满足各类空间环境的布灯需求（图4-7）。

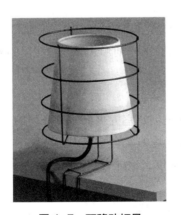

图4-7　可移动灯具

（四）室内照明环境设计

人的工作、学习、休闲、休息等行为都是在室内空间完成的，而室内灯光能否满足空间使用要求，能否创造舒适的环境都直接影响着室内空间的环境质量。在进行室内照明设计时，应根据室内空间的使用功能选择不同的布光方式。

室内照明的首要目的是在充分利用自然光的基础上，运用现代人工照明的手段为空间提供适宜的照度，以便使人们正确识别所处环境的状况；其次是通过对建筑环境的分析，结合室内装饰设计的要求，选择光源和灯具，利用灯光创造满足人们生理与心理需求的室内空间环境。

（五）影响室内光环境质量的因素

在照明设计时，只有正确处理好以上各要素的关系，才能获得理想的、高质量的照明效果。

1. 照　度

作为衡量照明质量最基本的技术指标之一，照度不同给人带来的视觉感受也不同，因此合理的照度分配显得尤为重要。首先要考虑照度与视力的关系，照度太高容易使人过于兴奋，照度太低容易使人产生视觉疲劳；其次要考虑被观察物的大小以及被观察物与其背景亮度的对比程度。

2. 照度的均匀度

室内照度的分布应该具有一定的均匀度，否则人眼会因照度不均而产生视觉疲劳。因此，室内空间中灯具的排列形式和光源照度的分配尤为重要。

3. 亮度分布

光源亮度的合理分布是创造室内良好光照环境的关键。亮度分布不均匀会引起视觉疲劳；亮度分布过于均匀又会使室内光环境缺少变化。相近环境的亮度应当尽可能低于被观察物的亮度，这样视觉清晰度较好。

4. 光　色

光色是指光源的颜色，生活中一般接触到的光色为 2 700 ～ 6 500 K，高色温呈现冷色，色温不宜高于 4 000 K，如在办公空间、教室、医疗空间中适宜用冷色光源，商业空间适宜采用暖色光源，以营造热闹的气氛。

5. 显色性

显色性就是指不同光谱的光源照射在同一颜色的物体上时，呈现不同颜色的特性。物体的表面色的显示除了取决于物体表面特征外，还取决于光源的光谱能量分布，不同光源可使物体表面呈现不同颜色。

6. 眩　光

眩光通常分为直接眩光和反射眩光，灯具数量越多，越容易造成眩光。为避免造成眩光，可选用磨砂玻璃或乳白色玻璃的灯具，可在灯具上做遮光罩，同时应选择合适高度安置灯具，布光时适当提高环境亮度，减小亮度对比。

7. 光与影

被照物在光线的作用下会产生明暗变化，可以以中低照度的漫射暖光作为环境照明，再以合适角度和照度的射灯形成清楚的轮廓和明确的光影关系，来突出实体的形态和质感。当灯光的光强、照射距离、位置和方向等因素不同时，光影效果产生变化，物体就会呈现出不同的形态和质感。借助灯光的作用，界面装饰造型的体积感得以加强，形成优美的光影效果。

（六）照明与空间设计的完美结合

室内设计是通过其涉及的一切门类和分项工作的共同作用实现对室内空间的调整与完善。在这些分项工作中，空间设计与照明设计具有"形"与"神"的关系。

1. 主次分明

室内空间有主有次，为凸显主要空间的主导地位，在照明的组织方式、灯具的配光效果等方面应做到主次分明，主要空间的照明设计可丰富，次要空间的照明设计要适当降低其丰富度，形成光环境的主次差别，但要遵循与主要空间统一的原则，不可以相差甚远。

2. 满足空间公共性和私密性照度要求

空间照明应与空间使用对象的特征相符合，不同区域的照度按功能进行区别对待，形成既满足使用要求又具有节奏感的光环境。提高照度，可以满足人流集中和流动性强的空间的需求；适当降低照度，可以给人以宁静、舒适的感觉，满足人们对私密性的需求，如西餐厅、洽谈区、卧室。

3. 增强空间的流通性

人的活动具有秩序性。照明设计不仅要明确功能分区，还要对空间序列和空间中人的动态分布有所体现。空间流通性的体现手法要视各功能空间或功能区之间的界定方式而定，通常可通过灯具的布置形式、照度变化、光通量分布变化、光源色变化等手段来增强空间的流通性。

4. 利用灯光效果改善空间的尺度感

在对小面积的空间进行照明设计时，应采取均匀布光的形式提供高亮度照明，使人产生空间扩大感（空间观感大于真实尺度）。对于低矮顶棚，可采用高照度的照明处理使空间的纵向延伸感得到加强。对于走廊，可在墙面进行分段亮化处理，以减弱走廊的深邃感。

第三节　室内设计的家具陈设与庭院绿化

一、室内设计的家具陈设

（一）室内设计的家具

家具自产生以来，就与人们的生活息息相关。人们无论是居住还是学习、工作、休闲娱乐等，都离不开家具。据资料统计，绝大多数人在家具上消磨的时间约占全天时间的2/3，因此人们对家具的舒适性和艺术性的要求越来越高。同时，家具的风格、形态也影响着室内空间环境效果。家具的造型与布置方式对室内环境效果有着重要影响。

1. 家具的发展演变

（1）中国传统家具。中国是历史悠久的文明古国，在历史上形成了丰富的家具形态。从商周时期直至明清时期，中国传统家具的发展大致分为四个阶段。

第一个阶段是商周至三国时期。当时，人们以席地跪坐方式为主，因此家具都很矮，此时是低矮型家具的盛行时期。

第二个阶段是两晋、南北朝至隋唐时期。由于多民族文化的融合，当时形成了矮型家具和高型家具并存的局面。从古代书画、器具图案中可以看出，当时凳、椅、床、榻等家具的尺度已被加高。五代时，家具在类型上已基本完备。

第三个阶段是宋元时期。由于垂足而坐代替席地而坐成了固定的坐姿，供垂足坐的高型家具占主导地位并迅速发展。从绘画和出土文物中可以看出，宋代高型家具的使用已相当普遍，高案、高桌、高几也相应出现，还出现了专用家具，如琴桌、棋桌等，家具造型优美，线脚形式丰富。宋代的家具燕几有可以随意组合、变化丰富的特点。元代家具在宋代家具的基础上有所发展。

第四阶段是明清时期。经济的发展促进了城市的繁荣，同时带动了中国传统家具行业的发展，形成了东方家具特有的艺术风格。在装饰上，求多、求满，常运用描金、彩绘等手法，使家具呈现出华丽的效果。"福""禄""寿""喜"等一些汉字纹都可直接加以应用。

（2）西洋家具。西洋家具（图4-8）在发展过程中也经历了一段漫长的过程，这里对古代家具、中世纪家具、文艺复兴时期家具、巴洛克式家具、洛可可式家具、新古典主义时期家具及近现代家具的风格进行简要介绍。

图4-8　西洋家具

①古代家具。古埃及家具（图4-9）多由直线组成，支撑部位为动物腿形，底部再接以高的木块，使兽脚不直接与地面接触，显得粗壮有力，更具装饰效果。在古埃及时已经开始注意家具的保护，如家具表面涂有油漆或用石片、象牙等镶嵌装饰。

由于受到建筑艺术的影响，古希腊家具腿部造型常采用建筑柱式，或用优美的曲线代替僵直的线条，多采用精美的油漆涂饰，与古埃及家具相比显得自由活泼。

图 4-9　古埃及家具

虽然古罗马时期木质的家具所剩无几，但仍有一些铜质家具保存下来，呈现出仿木家具的华贵。雕刻内容以人物、植物居多，雕刻精细、华美。折凳在这一时期具有特殊地位，这种座椅腿部呈"×"形交叉状并带有植物纹样的雕刻，覆上坐垫，象征着权势。古罗马人善于用织物作为家具的配饰，如可以起到分隔空间作用的帷幔等。

②中世纪家具（图 4-10）。随着罗马帝国分裂，西罗马灭亡，东罗马成为拜占庭帝国。拜占庭帝国继承和发扬了古罗马的文化，同时受到东西方两种文化的影响。此时的家具沿袭了古罗马的形式，但造型由古罗马时期的曲线改为直线形。受东方文化影响，出现了用丝绸做成的家具的衬垫且图案有明显的东方艺术风格。

图 4-10　中世纪家具

哥特时期由于宗教建筑盛行，家具的造型及雕刻装饰受到建筑风格的影响，大量采用建筑装饰图案，运用尖拱、扶壁以及密集的细柱，其风格庄重、雄伟，象征着权势和威严，极富特色。

③文艺复兴时期家具（图4-11）。文艺复兴原意是对古典艺术的复兴，因此在这一时期，家具的造型、装饰手法受到了古希腊、古罗马时期的造型、装饰手法的影响。早期家具具有纯美的线条、协调的古典式比例和优美的图案，流行以木材为基材进行雕刻装饰并镀金。后期常采用深浮雕、圆雕装饰，偶尔镀金。文艺复兴提倡人文主义精神，强调以人为中心而不是以神为中心，因此具有宗教色彩的装饰题材逐渐消失，取而代之的是富有人情味的自然题材。

图4-11 文艺复兴时期家具

④巴洛克式家具（图4-12）。如果说文艺复兴时期的家具具有高雅的古典风范，那么巴洛克风格的家具则以浪漫主义为出发点，追求的是热情奔放、富于动感、繁复夸张的新艺术境界，其最大的特点是使富于表现力的细部相对集中，简化不必要的部分，注重家具自身的整体结构。大量的曲线，复杂的雕刻，丰富的装饰题材，温馨的色调都是这一时期的家具的特点。

图4-12 巴洛克式家具

⑤洛可可式家具（图4-13）。18世纪30年代，巴洛克风格逐渐被洛可可风格取代，洛可可式家具以其功能的舒适性和优美的艺术造型影响着欧洲各国。洛可可式家具造型纤细优美，常采用S形曲线、涡卷形曲线，以贝壳、岩石、植物等为主要装饰题材，常见的装饰手法有雕刻、镶嵌、油漆、彩饰、镀金，整体呈现出女性化的精致、柔美的特点。

图4-13　洛可可式家具

⑥新古典主义时期家具（图4-14）。巴洛克风格与洛可可风格发展到后期逐渐脱离家具的结构理性，重装饰而轻功能。在这样的背景下，以重视功能性、简洁的线条、古朴的装饰为主要特色的新古典主义风格逐渐开始流行。直线和矩形是这个时期的造型基础，家具腿部线条采用向下收缩的处理手法，并雕有直线凹槽。玫瑰、水果、植物、火炬、竖琴、柱头、人物等都是这一时期常见的装饰元素。新古典主义时期的家具意在复兴古典艺术，但不是仿古或照搬，而是运用现代的手法和材质重现古典气质。

图4-14　新古典主义时期家具

⑦近现代家具。19世纪工业革命后，西方率先进入了工业化时期。新材料、新工艺的产生使设计师原有的设计思路发生转变，家具的材料求新、造型求变已经成为当时的设计热潮。从这时开始，设计界存在两种设计思路：一种是走用手工技能创造新形式的路线，反对传统风格，追求一种可以代表这一时代的简单朴实、乡土气息浓厚的新家具形式，代表人物有威廉·莫里斯、奥托·瓦格纳；另一种是走工业化生产家具的路线，运用新技术将家具简化到无法再简化的程度，最具代表性的是由米夏尔·托奈特设计的14号椅，椅子以配件的形式成套供应，结构合理，价格低廉，为大众所接受，从此开创了现代家具设计的新局面。在这两种思潮的推动下，先后兴起了"工艺美术运动""新艺术运动""风格派""包豪斯学派""国际风格派"。

a. 工艺美术运动。工艺美术运动是19世纪下半叶的一场主张复兴传统手工艺、探索手工艺与工业技术结合的运动。这一时期的家具提倡哥特式风格和其他中世纪风格，注重功能，造型简洁，代表人物是威廉·莫里斯。

b. 新艺术运动。新艺术运动起源于英国的工艺美术运动，倡导完全抛弃各种传统装饰风格，彻底走向自然风格，自然中没有直线和平面，因此在设计中多用曲线和有机形态，这一时期的代表人物是麦金托什。

c. 风格派。风格派本源自荷兰绘画艺术流派，后运用到建筑、室内和家具设计中。风格派家具设计的主要特点是将传统形态完全抛弃，以抽象的元素作为设计的主体，家具的整体形态呈几何结构，采用以红、黄、蓝三原色为主，黑、白、灰加以调和的色彩体系。风格派的代表作是赫里特·托马斯·里特维尔德的"红蓝椅"。

d. 包豪斯学派。德国包豪斯学院的建立使现代设计教育的体系得以初步建立，被人们称为"现代设计的摇篮"。包豪斯学派提倡自由创造，反对模仿，主张手工艺和机器生产相结合，代表作有马歇尔·拉尤斯·布劳耶的"瓦西里椅"、密斯·凡·德罗的"巴塞罗那椅"、勒·柯布西耶的"大安逸椅"。

e. 国际风格派。包豪斯学院被迫关闭后，德国许多著名的设计师来到美国，促使美国在第二次世界大战期间形成了美国国际风格。这种风格注重家具的功能性，家具形态以几何形作为造型元素，以完美的比例、精良的技术和优质的材料创造出结构合理、富于秩序美的现代家具。

2. 家具的尺度、分类和作用

（1）家具的尺度。空间中的主体是人，人的生理、心理以及情感都将作为设计的主要依据。因此，家具的设计、布置必须考虑人的生理尺度和心理尺度，遵循人的活动规律，使人在使用时感到舒适、安全、便捷。

为了使家具更适宜人的使用，研究人员对人体各部位的尺寸进行计测，观察人在生活、学习、工作、休闲等场所的行为方式，研究人与各类家具的接触部位和接触频率，为家具设计提供精确的数据参考，从而确定家具的造型、尺度以及家具与室内环境之间的关系。

（2）家具的分类。

①根据用途分类，家具可分为实用性家具和装饰性家具。实用性家具按家具功能分为坐卧类家具、储存类家具、凭倚类家具、陈列性家具。

a. 坐卧类家具：供人们休息使用，起到支撑人体的作用，包括椅、凳、沙发、床等。

b. 储存类家具：储存物品、划分空间，包括柜、橱、架等。

c. 凭倚类家具：供人们工作、休息使用，起到承托人体的作用，包括桌、台、几等。

d. 陈列性家具：摆放和展示物品，包括陈列柜、展柜、博古架等。

装饰性家具可点缀空间，供人欣赏，包括花几、条案、屏风等。

②根据结构形式分类，家具可分为以下几种类型。

a. 框架结构家具：我国传统的家具采用框架作为支撑结构，材料一般选用实木。

b. 板式家具：这是以人造板材为基材进行贴面工艺制成的家具。板式家具具有拆装容易、造型富于变化、不易变形、质量稳定等优点。

c. 拆装家具：突破了以往框架结构家具的固定和呆板的模式，充分发挥人的想象空间，体现了个性化、实用化的家居理念，其最大优点是容易拆装、组合，并且方便运输，还能节省保存空间。

d. 折叠家具：突破传统设计模式，通过折叠可以减少体量较大物品所占的空间。功能多样，使用灵活自如，便于携带，适用于小面积室内空间。

e. 充气家具：内置块状气囊，外罩面料种类较多，携带和存放极为方便。

多功能组合家具：该类家具功能转换快，可以满足不同功能要求，灵活性好，可以瞬间释放空间。

③根据使用材料分类，家具可分为以下几种类型。

a. 木、藤、竹质家具：主要部件由木材或人造板材、藤竹制成，纹理自然，有浓厚的乡土气息。

b. 塑料家具：主要部件由塑料制成，造型线条流畅，色彩丰富，适用面广。

c. 金属家具：一般指由轻质的钢和各种金属材料制成的家具，其特点是材料变形小，但加工困难。

d. 玻璃家具：玻璃家具一般采用高硬度的强化玻璃和金属框架，由于玻璃的通透性可以减少空间的压迫感，适用于面积较小的房间。

e. 石材家具：石材家具多选用天然大理石、人造大理石。天然大理石色泽透亮，有天然的纹路；人造大理石花纹丰富。石材制作的家具以面板和局部构件居多。

f. 软体家具：软体家具主要包括布艺家具和皮制家具，因舒适、美观、环保、耐用等优点越来越被人们所重视。

（3）家具的作用。

①限定空间。在室内空间中，除墙体可以限定空间外，家具也具备限定空间，提高室内空间使用率和灵活性的功能。

②组织空间。在室内空间中，按照空间功能分区划分，将与之相适应的家具布置其中，虽然不同功能分区之间没有明显边界，但是可以体现出空间的独立性并被人感知。

③营造氛围。家具既有实用功能，又有观赏功能。家具的风格、造型、尺度、色彩、材质要与室内环境相适应，从而创造出理想的空间环境。

3. 家具的布置原则

（1）室内家具布置要考虑家具的尺寸与空间环境的关系。在小空间中应当使用具有整合性的家具，如果使用过大的家具就会使整个空间显得比较狭小，而在较大空间中使用比较小的家具会使空间比较空旷，容易使人产生不舒适的感受。因此，在室内设计中应根据家具的尺寸与空间环境进行比较切合的搭配，使空间与家具相得益彰。

（2）家具的风格要与室内装饰风格相一致。家具的风格要与室内整体风格相一致，以使整体风格得到充分体现。在现代设计中，有折中主义和混搭主义，综合运用各种风格，但仅适用于特殊的空间环境。

（3）家具要传递美的信息，使人在使用的同时获得美的享受。家具也随着技术的更新发生变化，家具的款式和造型也不断更新。家具的舒适度不断得到提升，人在使用家具的同时，享受着家具带来的视觉美感和使用的舒适感。

4. 家具的布置方式

（1）按家具在空间中的位置划分。

①周边式。布置时避开门的位置，沿四周墙体排列，留出中间位置来组织交通，为其他活动提供较大面积。此种布置方式节约空间面积，适合面积较小的空间。

②岛式。与周边式相反，室内中心部位布置家具，四周作为过道。此种布置方法强调家具的重要性和独立性，中心区不易受到干扰和影响，适合面积较大的空间。

③单边式。仅在空间中的一侧墙体集中布置家具，留出另一侧空间用来组织交通，适合小面积空间。

④走道式。空间中相向的两侧墙体布置家具，留出中间作为过道，交通对两边都有干扰，适用于人流较少的空间。

⑤悬挂式。为了提供更多的活动空间，开始向空中布置家具。悬挂式家具与墙体结合，使家具下方空间得到充分利用。

（2）按空间平面构图关系划分。

①对称式。空间中有明显的轴线，家具呈左右对称布置，适用于庄重、严肃、正规的场合。

②非对称式。家具在空间中按照形式美的法则灵活布置，显得活泼、自由，适用于轻松的休闲场所。

（二）室内设计的陈设

就广义而言，陈设是指室内空间中除固定建筑构件以外所有具备实用性和观赏性的物品。陈设以其丰富的形式占据了绝大部分空间环境，能够烘托空间气氛，达到装饰空间的目的。良好的室内陈设能陶冶人们的心性，调节人们的情绪。

1. 室内陈设的分类

（1）功能性陈设。功能性陈设指既具有一定使用价值又有一定观赏作用和装饰作用的陈设品，如家具、灯具、织物、器皿等。

（2）装饰性陈设。装饰性陈设重装饰轻功能，主要用来营造空间意境，陶冶人的情操，如艺术品、工艺品、纪念品、收藏品、观赏性动植物等。

2. 室内陈设的布置原则

（1）统一格调。陈设品的种类繁多，风格多样，如果不能和室内其他陈设协调，必会导致其与室内环境风格相冲突，从而破坏环境整体感，因此布置时要注意统一格调。

（2）尺度适宜。为使陈设品与室内空间拥有恰当的比例关系，必须根据室内空间大小进行布置。同时，必须考虑陈设品与人的关系，避免失去正常的尺度感。

（3）主次分明。布置陈设品时，要在众多陈设品中尽可能地突出主要陈设品，使其成为室内空间中的视觉中心，使其他陈设品起到辅助、衬托的作用，从而避免造成杂乱无章的空间效果。

（4）富于美感。绝大部分室内陈设的布置是为了满足人们审美需求和精神享受，因此在布置时应该符合形式美法则，而不只是填补空间布局。

3. 室内陈设的陈列方式

（1）墙面陈列。墙面陈列指将陈设品以悬挂的方式陈列在墙上，如字画、匾联、浮雕等。布置时应注意装饰物的尺度要与墙面尺度和家具尺度相协调。

（2）台面陈列。台面陈列指将陈设品摆放在桌面、柜台、展台等台面上进行陈列的方式。布置时可采用对称式布局，显得庄重、稳定，有秩序感，但欠缺灵活性，也可采用自由式布局，显得自由、灵活且富于变化。

（3）悬挂陈列。在举架高的室内空间，为了减少竖向空间的空旷感，常采用悬挂陈列。例如，吊灯、织物、珠帘、植物等。布置时应注意所悬挂的陈设品的不能对人的活动造成影响。

（4）橱架陈列。因橱架内设有隔板，可以搁置书籍、古玩、酒、工艺品等物品，因此具备陈列功能。对于陈设品较多的空间来说，橱架陈列是最实用的形式。布置时宜选择造型、色彩简单的橱架，布置的陈设宜少不宜多，切不可使橱架有拥挤的感觉。

（5）落地陈列。落地陈列适宜体量较大的装饰物，如雕塑、灯具、绿化等，适用于大型公共空间的入口或中心，能够起到空间引导的作用。布置时应注意避开人流量大的位置，不能影响交通。

二、室内设计的庭院绿化

室内庭院是指被建筑实体包围的室内景观绿化场地，是综合运用景观绿化、堆山筑石、室内水景、景观小品等手段在室内形成的园林景观。室内庭院与绿化的设计在现代设计中占有重要地位，是现代设计中营造室内空间氛围的重要手段。按内容划分，室内庭院绿化可以分为室内绿化、室内山石、室内水景和景观小品四个部分，要根据不同的内容进行不同形式的室内空间环境的营造。

（一）室内绿化

1. 室内绿化的作用

室内绿化（图4-15）不同于室外景观环境的设计，室内空间范围有限，植物的高度和生长习性都会受到限制。由于植物特征不同，一些植物可能会散发出不适于人长期接触的气体，在植物种类的选择上要有所取舍。在室内设计中，室内绿化要从以下方面进行考虑。

图 4-15　室内绿化

（1）功能性。

①净化空气，改善室内生态环境。植物可以吸收空气中的有害气体，对空气起到净化作用，形成富氧空间。同时，植物可通过叶子吸热和水分蒸发调节室内温度和湿度。

②对室内空间进行组织和强化。利用花池、花带、绿墙等对室内空间进行线状或面状的分隔限定，使被限定和被分隔的空间互不干扰。

③有利于空间的视线引导。绿化具有很强的观赏性，常能引起人们的注意，因此在入口两侧、空间的转折处、空间的过渡区域布置绿化能够起到暗示空间和视线引导的作用。

（2）观赏性。室内绿化的观赏性体现在植物自身的色彩、形态等具有自然美，特别是一些赏花及观叶植物能够带给人们愉悦感，一些绿植及花卉的特殊寓意能够给人一种心理上的暗示。

2. 室内绿化植物的选择

室内植物应从两个方面选择：一方面要选择合适的植物。植物的种类繁多，其形态、色彩等千差万别，受到传统文化观的影响，某些植物还具有一定的象征意义，因此要选择和室内空间环境相协调的植物，这样除了可以起到装饰的作用外，还可以陶冶情操，满足人们的精神需求。另一方面，要根据室内环境选择植物。植物的生长需要阳光、空气、土壤以及适宜的温度和湿度，设计时应熟悉植物的生长特性，根据室内的客观条件，合理地选择和布置。

（1）按生长状态划分。

①乔木：主干与分枝有明显区别的木本植物。乔木有常绿、落叶、针叶、阔叶等区别，因其体形较大，枝叶茂密，在室内宜作为主景出现，如棕榈树、蒲葵、海棠等。棕榈树竖向生长趋势明显，适用于室内空间净高较高的场所；蒲葵水平生长趋势明显，适用于比较开阔的空间。在室内植物种类的选择上，应根据空间特征和植物生长特性进行选择。

②灌木：与乔木相比，灌木的体形矮小，是没有明显主干、丛生的树木。其一般为常绿阔叶，主要用于观花、观果、观枝干等，室内常见灌木有栀子、鹅掌木等。在室内庭院中，灌木可以起到点缀、美化空间的作用，更适用于餐饮及办公空间的绿化。

③藤本植物：藤本植物不能直立，茎部弯曲细长，需依附其他植物或支架，向上缠绕或攀缘。藤本植物多用作景观背景，室内常见藤本类植物有黄金葛、大叶蔓绿绒等。

④草本植物：与木本植物相比，植物体木质部不发达，茎质地较软，通常被人们称为草，但也有特例，如竹。室内常见草本植物有文竹、龟背竹、吊兰等。草本植物在室内被广泛使用，成活率高，装饰效果好，成本较低。

（2）按植物观赏性划分。

①观叶植物：一般指叶形和叶色美丽的植物。大多数观叶植物耐阴，不喜强光，在室内正常的光照和温湿度条件下也能长期呈现生机盎然的姿态，是室内主要的植物观赏门类。常见的有吊兰、芦荟、万年青、棕竹等。

②观花植物：指以观花为主的植物。花的种类繁多，花色各不相同，装饰效果突出。常见的有水仙、牡丹、君子兰等。

③观果植物：主要以观赏果实为主的植物。常用以点缀景观，弥补观花植物的不足，能产生层次丰富的景色效果。观果植物的选择应首要考虑花果并茂的植物，如石榴、金橘等。

3. 室内绿化的布置

（1）室内绿化的布置原则。

①美学原则。室内绿化布置应遵循美学原理，通过设计合理布局，协调形状

和色彩，使其能与室内装饰联系在一起，使室内绿化装饰呈现层次美。

②实用原则。室内绿化布置必须符合功能要求，使装饰效果与实用效果统一。在选择上，应根据地域特点及温湿度特点，避免因选择不当造成植物死亡而导致成本增加。

③经济原则。室内绿化布置要考虑经济性原则，即在强调装饰效果的同时，还要考虑其经济性，使装饰效果能长久保持。

（2）室内绿化布置分类。室内植物大多采用盆、坛等容器栽植，栽植容器可分为移动式和固定式。移动式绿化灵活方便，可以在室内任意部位布置，但大型植物的栽植难度较大；固定式绿化则相反，被固定在室内特定地方，可以栽植较大型的植物，较适用于大型空间。从植物组合方式分类，还可分为孤植、对植、列植、丛植和附植。

①孤植。孤植是室内常采用的绿化布置形式。选择形态优美、观赏性强的植物置于室内主要空间，形成主景观，也可以置于室内一隅或空间的过渡处，起到配景和空间引导的作用。

②对植。对植主要用于交通空间两侧等处，按轴线对称摆放两株植物，对空间起到视线引导的作用。布置时应注意选择形态相近的植物，以对植形式进行设计的植物需前后或左右排列，在视觉效果上给人一种呼应感。

③列植。选取两株以上相同或相近的植物按照一定间距种植，可以形成通道以组织交通，引导人流，也可以用于划分空间。栽种方式可以选择盆栽或种植池。

④丛植。一般选用 3～10 株植物，并将其按美学原理组合起来，主要用于室内种植池，小体量的也可用盆栽来布置。对植物的种类并无要求，但要注意既要体现单株美感，又要体现形成组合的整体美感。

⑤附植。藤本植物、草本植物由于植物本身的特点，布置时经常依附在其他植物或构件上，这种植物布置方式称为附植，包括攀缘和垂吊两种形式。攀缘种植形态由被附着的构件形态决定，因此可以给设计师更大的想象空间，如常春藤、龟背竹等；垂吊种植是将容器悬挂在空中，植物从容器中向下生长，如吊兰、天门冬等，适用于举架高的室内空间。

⑥水生种植。按生长状态，水生植物分为挺水植物、漂浮植物、浮叶植物和沉水植物。根据各自生长特点，其种植方式有水面种植、浅水种植、深水种植三种。为获得较为自然的水景，常常三种种植方式组合运用。

（二）室内山石

在室内空间中使用山石造景，意在将自然景观用艺术的手法融入室内空间中。

掇山置石是室内山石景观常用的表现形式，常配以水景和植物（图 4-16）。石材给人的感觉坚硬、稳重，在空间中可以起到呼应植物、模拟自然景观形态的作用。

图 4-16　室内山石

1. 掇　山

掇山是用自然山石掇叠成假山的工艺过程，是艺术与技术高度结合的创作手法。掇山整体性要强，主次要分明，在远近、上下等方面要体现空间层次感，以满足不同角度的观景要求。同时，要注意与周围水体和植物相呼应。

2. 置　石

山石在造景过程中除了可以掇山外，还可以散落布置，称为置石。按山石的摆放位置，置石可分为特置、对置和散置。

（1）特置。选择形态秀美或造型奇特的石材布置在空间中，作为空间的构景中心，营造良好的空间环境氛围。

（2）对置。在空间边缘处对称布置两块山石，以强调空间边界和用于视线引导。

（3）散置。将山石按照美学原理散落地布置在室内空间中，既不可均匀整齐，又不可缺乏联系，要有散有聚，疏密得当，彼此相呼应，具有自然山体的情趣。

（三）室内水景

水是生命之源，自古以来人类就择水而居，可见水对人类的影响深远。自然界中水体有静态、动态之分，自然山水园林注重动态的水景景观表现形态，室内空间中的水景常选择静态或动静结合的表现形态（图4-17）。

图4-17　室内水景

1. 静态的水

静态的水通常指相对静止的水，可以营造宁静悠远的意境。室内空间中静水常以池的形式表现，可营造两种水景景观：一种是借助水的自身反射特点映出虚景，利用倒影增加空间的景观层次；另一种是以水为背景，水中放置水生生物，可置石、喷泉、架桥等，以烘托气氛。按水池的形状可分为规则式和自然式。

（1）规则式水池。规则式水池是由规则的直线或曲线形岸边围合而成的几何式水体，如方形、矩形、多边形、圆形或者几何形组合，多用于规则式庭园中。

（2）自然式水池。自然式水池模仿自然山水中水的形式，水面形状与室内地形变化保持一致，主要表现水池边缘线条的曲折美。

2. 动态的水

由于受到重力的作用，由高处流往低处或者呈现流动状态的水称为动态的水。室内空间中动态的水常以喷水、落水的形式出现。

（1）喷水。喷水是指利用压力使水自喷嘴喷向空中，再以各种方式落下的形式，又称喷泉。水喷射的高度、水量以及喷射的形式都可以根据设计需要自由控制。随着技术的进步，在喷泉中加入声、光的处理，极大地丰富了喷泉的造景效果。

（2）落水。流水从高处落下称为落水，包括瀑布、叠水、溢流。

①瀑布：地质学上称为跌水，即水从高处垂直跌落。室内瀑布形式又分为自

由落水式瀑布、水幕墙。自由落水式瀑布是仿照自然瀑布形式，以假山石为背景，上有源口，下有水池。为防止落水时水花四溅，通常瀑布下方水池宽度不小于瀑身的 2/3。水幕墙是指在墙体顶端设水源，水流经出水口顺墙而下的瀑布形式。水幕的透明性不仅能透射出墙壁的图案、色彩、质地，还能使墙壁因水流而呈现出不同的纹理特征。

②叠水：流动的水呈阶梯状层层叠落而下的水景，其随阶梯的形式变化而变化，可以产生形状不同、水量不同的叠水景观。

③溢流：水满后往外溢出的水处理形式。人工设计的溢流形态取决于池的形状、大小和高度，如直落而下则成为瀑布，沿阶梯而流则成为叠水，也有将器物设计成杯盘状，塑造一种水满外溢的溢流效果。

（四）景观小品

景观小品通常指在室内庭院中供休息、照明、装饰、展示之用的环境设施，其特点是体量较小，具有一定的实用功能，在空间中起点缀作用。常用的室内景观小品有座椅、桥、亭、灯具、雕塑、指示牌等。景观小品可以根据使用者的不同来选择，以体现使用者的文化修养和审美意趣。

第四节　室内环境的装饰设计

一、室内软装饰风格的发展

软装饰是室内环境设计的灵魂，对室内软装饰设计的研究，除理论概述外，还包括其发展的历史、现状、趋势以及多样的风格。

当前，个性化与人性化设计日益受到重视，这一点尤其体现在软装饰设计上。人性化环境必须处理好软装饰，要对不同消费者的不同背景进行深入研究，将人放在首位，以满足不同消费者的需求。从室内软装饰的发展和现状可以看出，室内软装饰设计呈现出以下几种趋势。

（一）注重个性化与人性化

个性化与人性化是当今的一个创作原则。因为缺乏个性与人性的设计不能够满足人们的精神需求，千篇一律的风格使人缺少认同感与归属感，所以塑造个性化与人性化的装饰环境成为装饰设计师的设计宗旨。

（二）注重室内文化品位

当今，室内空间的软装饰多在重视空间功能的基础上加入了文化性因素与展示性因素，如增添家居的文化氛围，将精美的收藏品陈列其中，同时使用具有传统文化内涵的元素进行装饰，使人产生置身文化艺术空间的感觉。

（三）注重民族传统

中国传统古典风格具有庄重、优雅的双重品质，墙面装饰着手工织物（如刺绣的窗帘等），地面铺手织地毯，靠垫用缎、丝、麻等材料做成，这种具有中国民族风格的装饰使室内空间充满了韵味，这也是室内软装饰设计所要追求的本质内容。

（四）注重生态化

科技的发展为装饰设计提供了新的理论研究与实践契机。现代室内软装饰设计应该充分考虑人的健康，最大限度地利用生态资源创造适宜的人居环境，为室内空间注入生态景观，这已经是室内软装饰设计必不可少的一个装饰惯例。有效、合理地设置和利用生态景观是室内软装饰设计必须充分考虑的因素，这就要求设计师能够将室内空间纳入一个整体的循环体系中。

二、室内软装饰的搭配原则与设计手法

（一）新古典风格

新古典风格以精致高雅、低调奢华著称，简洁的装饰壁炉、反光折射的茶色镜面、晶莹奢华的水晶吊灯、花色华丽的布艺装饰、细致优雅的木质家具等组合在一起，创造出空间的尊贵气质，被无数家庭追捧。

新古典风格更多体现的是古典浪漫情怀和时代个性的融合，兼具传统和现代元素。一方面，它保留了古典家具传统的色彩和装饰方法，简化造型，提炼元素，让人感受到它浑厚的历史文化底蕴；另一方面，用新型的装饰材料和设计工艺去表现，体现出了时代的特色，更加符合现代人的审美观念（图4-18）。

图 4-18　新古典风格

1. 新古典风格软装饰的色彩搭配

在色彩搭配上，新古典风格多使用白色、灰色、暗红、藏蓝、银色等色调，白色使空间看起来更明亮，银色带来金属质感，暗红或藏蓝色增加了色彩对比。

2. 新古典风格细部软装设计

在设计风格上，装饰空间更多地表现了业主对生活和人生的一种态度。在软装设计中，设计师要能够敏锐地洞知业主的需求和生活态度，尽量结合业主的需求，将业主对生活的美好憧憬、对生活品质的追求在空间中淋漓尽致地展现出来。在墙面设计上，新古典风格多使用带有古典欧式花色图案和色彩的壁纸，配合简单的墙面装饰线条或墙面护板；在地面的设计上，多采用大理石拼花，根据空间的大小设计好地面的图案形态，用大理石的天然纹理形成图案。

（二）现代简约风格

简约风格的空间设计比较简练，提倡将室内装饰元素降到最少，但对空间的色彩和材料质感要求较高，旨在设计出简洁、纯净的时尚空间。

现代简约风格在材质的选择上范围更加宽泛，不再局限于石、木、藤等自然材质，更有金属、玻璃、塑料等新型合成材料，甚至将一些结构甚至钢管暴露在空间中，以体现结构之美（图 4-19）。

图 4-19　现代简约风格

（三）欧式风格

欧式风格（图 4-20）是传统设计风格之一，泛指具有欧洲装饰文化艺术的风格，比较具有代表性的欧式风格有古罗马风格、古希腊风格、巴洛克风格、洛可可风格、美式风格、英式风格和西班牙风格等。欧式风格强调空间装饰，善于运用华丽的雕刻、浓艳的色彩和精美的装饰。

图 4-20　欧式风格

1. 拱形元素在欧式风格中的应用

拱形元素作为欧式风格的常用元素可用作墙面装饰。

2. 壁炉在欧式风格中的应用

壁炉在早期的欧式家居中主要为了取暖，后来随着欧式风格的逐渐风靡，壁炉逐渐演变成欧式风格中的重要装饰元素。

3. 彩绘在欧式风格中的应用

彩绘是欧式风格常用的一种装饰手法。在墙面造型中，一幅写实的油画可作为墙面背景，前面摆放装饰柜，搭配对称的灯具和花卉。

4. 罗马柱式在欧式风格中的应用

罗马柱式是欧式风格中必备的柱式装饰，其主要分为多立克柱式、爱奥尼柱式和科林斯柱式等。此外，人像柱在欧式风格中也较为常见。

（四）地中海风格

地中海风格追求的是海边轻松随意、贴近自然的精神内涵，它在空间设计上多采用拱形元素和马蹄形的窗户，在材质上多采用当地比较常见的自然材质，如木质家具、赤陶地砖、粗糙石块、马赛克瓷砖、彩色石子等（图4-21）。

图4-21 地中海风格

地中海风格的形成与地中海周围的环境紧密相关，它的美包括大海的蓝色、希腊沿岸的白墙、意大利南部成片向日葵的金黄色、法国南部薰衣草的蓝紫色以及北非特有的沙漠、岩石、泥沙、植物等的黄色和红褐色，这些色彩组合形成了地中海风格独特的配色。在地中海海岸线一带，特别是生活在希腊、意大利、西班牙这些国家沿岸地区的居民的生活方式闲适，因此建筑风格充满了诗意和浪漫。以前，这种装饰风格多体现在建筑的外部，没有延伸到室内，后来逐渐出现在别墅室内装饰中，才开始慢慢被大家接受和追捧。

当然，在空间设计中，不能一味地堆砌元素，一定要有贯穿空间设计的灵魂。在地中海风格中，所有的装饰充满了乡村宁静、浪漫、淳朴的感觉，除了多采用铁艺的家具、花架、栏杆、墙面装饰外，就连门或家具上的装饰也多是铁艺制品。

马赛克的瓷砖图案多为伊斯兰风格，多用于墙面装饰、楼梯扶手和梯面装饰、桌面装饰、镜子边框装饰。在地中海风格中，有时甚至利用石膏将彩色的小石子、贝壳、海星等粘在墙面上作为装饰。

（五）新中式风格

新中式风格更多表现的是唐、明、清时期的设计理念，其摒弃了传统的装饰造型和暗淡的色彩，改用现代的装饰材料和更加明亮的色彩来表达空间（图4-22）。

图4-22　新中式风格

1.新中式风格中传统与现代的结合

新中式风格并不是一些传统中式符号在空间中的堆砌，而是通过设计的手法将传统和现代有机地结合在一起。整个空间多采用灵活的布局形式，包括白色的顶棚、青灰色的墙面、深色的家具，凸显明度对比，富有中国水墨画的情调和韵味。

中国作为世界四大文明古国之一，其古典建筑是世界建筑体系中非常重要的一部分，内部的装饰多采用以宫廷建筑为代表的艺术风格，空间结构上讲究高空间、大进深，造型遵循均衡对称的原则，图案多选择龙、凤、龟、狮等，寓意吉祥。生活在当下的人们对传统总有一种怀念和追忆。当传统的中式风格与现代的装饰元素碰撞后，褪去繁复的外在形式，保留意境唯美的中国清韵，融入现代设计元素，便凝练出了充满时代感的新中式风格。

2. 新中式风格中家具形态的演变

旧式的纯木质结构家具借鉴西式沙发的特点，结合布艺和坐垫，使用起来更舒适。旧式的条案现在多用于空间装饰，其上放置花瓶、灯具或其他装饰，与墙上的挂画形成了一处风景。原来入户大门上的门饰现在也可以作为柜门上的装饰。

3. 新中式风格对空间层次感的追求

新中式风格追求空间的层次感，多采用木质窗棂、窗格或镂空的隔断、博古架等来分隔或装饰空间。

4. 新中式风格软装设计的装饰

在空间软装饰部分，可以运用瓷器、陶艺、中式吉祥纹案、字画等物品来修饰，如采用不锈钢材质表现传统的纹案，作为床头的装饰；将优质细腻的瓷器花瓶作为床头灯；等等。但是，中式华贵典雅元素的运用要点到即止，多运用现代的元素，使其造型简洁。

（六）东南亚风格

东南亚风格以情调和神秘著称，不过近些年来，越来越多的人认为过于柔媚的东南亚风格不太适合家居空间。除了取材自然这一东南亚家居最大的特点之外，东南亚的家具设计也极具原汁原味的淳朴感，它摒弃了复杂的线条，取而代之的是简单的直线。布艺主要为丝质高贵的泰丝或棉麻布艺，如床单和被套采用白色的棉质品，手感舒适，抱枕采用明度较低的泰丝面料，棉麻遇上泰丝，淳朴中带着质感。顶棚造型提炼了东南亚建筑中的造型元素，经简化处理，那一抹风情瞬间就体现出来了（图4-23）。

图 4-23 东南亚风格

（七）田园风格

田园风格指欧洲各种乡村家居风格，既具有乡村朴实的自然风格，又具有贵族乡村别墅的浪漫情调。

田园风格之所以能够成为现代家装的常用装饰风格之一，主要是因其轻松、自然的装饰环境所营造出的田园生活的场景，力求表现悠闲、自然的生活情趣。田园风格重在表现室外的景致，但不同的地域所形成的田园风格各有不同。

在田园风格中，织物的材料常用棉、麻等天然制品，不加雕琢。花卉、动物及极具风情的异域图案更能体现田园特色。天然的石材、板材、仿古砖因表面带有粗糙、斑驳的纹理和质感，多用于墙面、地面、壁炉等装饰，并特意将接缝处的材质显露出来，显示出岁月的痕迹。

铁艺制品造型或为藤蔓，或为花朵，枝蔓缠绕，常用于铁艺床架、搁物架、装饰镜边框、家具等。

墙面常用壁纸来装饰，有砖纹、石纹、花朵等图案。门窗多用原木色或白色的百叶窗造型，处处散发着田园气息。

利用田园风格可以打造出适合不同年龄人群的家居空间。年轻人可以选择白色的家具、清新的搭配，形成具有甜美感觉的田园风格。年纪稍大的人可以选择深色或原木的家具，搭配特色的装饰，形式稳重而不失高贵的室内空间。田园风格休闲、自然的设计使家居空间成为都市生活中的一方净土（图 4-24）。

图 4-24　田园风格

三、室内软装饰中其他要素的设计

对于室内软装饰中的各类装饰，我们在此主要研究灯饰设计、布艺设计的具体方法与实践。

（一）灯饰设计

1.灯饰设计的定义

灯饰是指用于照明和室内装饰的灯具，是美化室内环境不可或缺的陈设品。室内灯饰设计是指针对室内灯具进行样式设计和搭配。

2.室内灯饰的分类及应用

（1）吸顶灯。

①吸顶灯的特征。吸顶灯通常安装在房间内部天花板上，通过反射进行间接照明，主要用于卧室、过道、走廊、阳台、厕所等地方，适合作为整体照明。

吸顶灯的外形多种多样，其特点是比较大众化。吸顶灯安装简易，能够赋予空间清朗明快的感觉。

吸顶灯现在不再仅限于单灯，还吸取了豪华与气派的吊灯，为矮房间的装饰提供了更多可能。

②吸顶灯的分类及应用。吸顶灯内一般有镇流器和环形灯管，而电子镇流器能瞬时启动，延长灯的寿命，所以应该尽量选择电子镇流器吸顶灯。环形灯有卤

粉和三基色之分，三基色粉灯显色性好、发光度高、光衰慢，而卤粉灯管显色性差、发光度低、光衰快，所以应选三基色粉灯。

另外，吸顶灯有带遥控和不带遥控两种，带遥控的吸顶灯开关方便，更适用于卧室。

（2）吊灯。

①吊灯的特征。吊灯是最常采用的直接照明灯具，常安装在客厅、接待室、餐厅、贵宾室等空间。灯罩有两种，一种灯口向下，灯光可以直接照射室内，另一种灯口向上，光线柔和。

②吊灯分类及应用。吊灯可分为单头吊灯和多头吊灯。厨房和餐厅多选用单头吊灯，通常以花卉造型较为常见。吊灯的安装高度应根据空间属性而有所调整，其最低点离地面一般不应少于 2.5 m。

③一般住宅通常选用简洁式的吊灯，如水晶吊灯。

（3）射灯。

①射灯的特征。射灯主要用于制造效果，能根据室内照明的要求突出室内的局部特征，因此多用于现代流派照明中。

②射灯的分类及应用。射灯的颜色有纯白、米色、黑色等多种。射灯造型玲珑小巧，具有装饰性。

射灯光线柔和，既可用于整体照明，又可用于局部采光，烘托气氛。射灯的光线直接照射在需要强调的家具、器物上，能达到重点突出、层次丰富的艺术效果。射灯的功率因数越大，光效越好。普通射灯的功率因数在 0.5 左右，优质射灯功率因数能达到 0.99，价格稍贵。一般低压射灯寿命长一些，光效高一些。

（4）落地灯。

①落地灯的特征。落地灯是一种放置于地面上的灯具，其作用是满足房间局部照明和点缀家庭环境的需求。落地灯一般安置在客厅和休息区，与沙发、茶几配合使用。落地灯除可照明外，还可以制造特殊光影效果。一般情况下，瓦数低的落地灯更便于创造柔和的室内环境。

落地灯常用作局部照明来营造角落气氛。落地灯的采光方式若是直接向下投射，则比较适合精神集中的活动，如阅读；若是间接照明，可以起到调节光线的作用。

②落地灯的分类及应用。落地灯分为上照式落地灯和直照式落地灯。使用上照式落地灯时，如果顶棚过低，光线就只能集中在局部区域。使用直照式落地灯时，灯罩下沿要比眼睛的高度低。

落地灯一般放在沙发拐角处，晚上看电视时开启会取得很好的效果。

（5）筒灯。筒灯是一种嵌入顶棚内、光线下射式的照明灯具。它的最大特点就是能保持建筑装饰的整体统一。筒灯是嵌装于顶棚内部的隐置性灯具，属于直接配光，可增加空间的柔和气氛。因此，可以尝试装设多盏筒灯，减轻空间压迫感。有许多筒灯的灯口不耐高温，要购买通过 3C 认证（中国强制性产品认证）后的产品。

（6）台灯。

①台灯的特征。台灯是日常生活中用来照明的一种家用电器，一般应用于卧室以及工作场所，以满足工作、阅读的需要。台灯的最大特点是移动便利。

②台灯的分类及应用。台灯分为工艺用台灯（装饰性较强）和书写用台灯（重在实用）。选择台灯主要看电子配件质量和制作工艺，应尽量选择知名厂家生产的台灯。

（7）壁灯。

①壁灯的特征。壁灯是室内装饰常用的灯具之一，光线淡雅和谐，尤其适用于卧室。壁灯一般用作辅助性的照明及装饰，大多安装在床头、门厅、过道等处的墙壁或柱子上。

②壁灯的应用。壁灯的安装高度一般应略超过视平线，在 1.8 m 左右。壁灯不是作为室内的主光源来使用的，其灯罩的色彩选择应根据墙色而定，宜用浅绿、淡蓝的灯罩，同时配以湖绿和天蓝色的墙，这样能给人幽雅、清新之感。小空间宜用单头壁灯，较大空间用双头壁灯，大空间应该选用厚一些的壁灯。

3. 室内灯饰的风格

欧式风格的室内灯饰强调华丽的装饰，常使用镀金、铜和铸铁等材料，以达到华贵精美的装饰效果。中式风格色彩稳重，多以镂空雕刻的木材为主要材料，营造庄重典雅的氛围。

现代风格的室内灯饰造型简约、时尚，色彩丰富，适合与现代简约型的室内装饰风格相搭配。

田园风格的室内灯饰倡导"回归自然"理念，力求表现出悠闲、舒适、自然的田园生活情趣。田园风格的用料常采用陶、木、石、藤、竹等天然材料，展现自然、简朴、雅致的效果，所以适当的粗糙和破损是允许的。

4. 室内灯饰的设计原则

（1）主次分明原则。室内空间中各界面的处理效果都会对室内灯饰的搭配产生影响，应尽量选用具有抛光效果的材料。同时，灯饰大小、比例等对室内空间效果造成的影响应充分考虑，如曲线形灯饰使空间更具动感和活力，连排、成组的吊灯可增强空间的节奏感和韵律感。

（2）体现文化品位原则。室内灯饰在装饰时应注意体现文化特色。

（3）风格相互协调原则。室内灯饰搭配时应注意灯饰的格调与整体环境相协调。

（二）布艺设计

1. 室内布艺设计的定义

室内布艺是指以布为主要材料，满足人们生活需求的纺织类产品。室内布艺可以柔化室内空间，创造温馨的室内环境。室内布艺设计是指针对室内布艺进行的样式设计和搭配。

2. 室内布艺设计的特征

（1）风格各异。室内布艺风格各异，其样式也随着不同的风格呈现出不同的特点。室内布艺常用棉、丝等材料，银、金黄等色彩。田园风格的布艺讲究自然主义的设计理念，体现出清新、甜美的视觉效果。

（2）装饰效果突出。室内布艺可以根据室内空间的审美需要随时变换，赋予了室内空间更多的变化，如利用布艺做成天幕，可柔化室内灯光，营造温馨、浪漫的情调；利用金色的布艺包裹室内外景观植物的根部，可营造出富丽堂皇的视觉效果。

（3）方便清洁。室内布艺产品不仅美观、实用，可以弱化噪声、柔化光线、软化地面质感，还可以随时清洗和更换。

3. 室内布艺设计的分类及应用

室内布艺设计可以分为以下几类。

（1）窗帘。窗帘具有遮蔽阳光、隔声和调节温度的作用。窗帘的选择可根据室内光线强弱情况而定，如采光较差的空间可用轻质、透明的纱帘，光线照射强烈的空间可用厚实、不透明的窗帘。窗帘的材料主要有纱、棉布、丝绸、呢绒等。

窗帘的款式主要有以下几类。

①拉褶帘是用一个四叉的铁钩吊着并缝在窗帘的封边条上，制作成 2～4 褶的窗帘。单幅或双幅是家庭中常用的窗帘样式。

②卷帘是一种帘身平直，由可转动的帘杆收放帘身的窗帘，多以竹编和藤编为主，具有浓郁的乡土风情和人文气息。

③拉杆式帘是一种帘头圈在帘杆上拉动的窗帘，其帘身与拉褶帘相似，但帘杆、帘头和帘杆圈的装饰效果更佳。

④水波帘是一种卷起时呈现水波状的窗帘，具有古典、浪漫的情调，在西式咖啡厅广泛使用。

⑤罗马帘是一种层层叠起的窗帘，因出自古罗马，故得名罗马帘。其特点是具有独特的美感和装饰效果，层次感强，有极好的隐蔽性。

⑥垂直帘是一种安装在过道，用于局部间隔的窗帘，其主要材料有水晶、玻璃、棉线和铁艺等，具有较强的装饰效果，在一些特色餐厅广泛使用。

⑦百叶帘是一种通透、灵活的窗帘，可用拉绳调整角度及上落，广泛应用于办公空间。

（2）地毯。地毯是室内铺设类布艺制品，不仅可以增强艺术美感，还可以吸收噪声，营造安宁的室内氛围。此外，地毯还可使空间产生集合感，使室内空间更加整体、紧凑。地毯主要分为以下几类。

①纯毛地毯。纯毛地毯抗静电性良好，隔热性强，不易老化、磨损、褪色，是高档地面装饰材料。纯毛地毯多用于高级住宅、酒店和会所的装饰，价格较贵，可使室内空间呈现出华贵、典雅的气氛。它是一种采用动物的毛发制成的地毯，如纯羊毛地毯。其不足之处是抗潮湿性较差，容易发霉。所以，要保持通风和干燥，经常进行清洁。

②合成纤维地毯。合成纤维地毯是一种以丙纶和腈纶纤维为原料，经机织制成面层，再与麻布底层合在一起制成的地毯。合成纤维地毯经济实用，具有防燃、防虫蛀、防污的特点，易清洗和维护，而且质量轻、铺设简便。与纯毛地毯相比，合成纤维地毯缺少弹性，抗静电性能，且易吸灰尘，质感、保温性能较差。

③混纺地毯。混纺地毯是在纯毛地毯纤维中加入一定比例的化学纤维而制成。在图案、色泽和质地等方面，这种地毯与纯毛地毯差别不大，装饰效果好、耐虫蛀，同时有着很好的耐磨性，具备吸音、保温、弹性和脚感好等特点。

④塑料地毯。塑料地毯是一种质地较轻、手感硬、易老化的地毯，其色泽鲜艳，耐湿、耐腐蚀、易清洗，阻燃性好，价格低。

（3）靠枕。靠枕是沙发和床的附件，可调节人的坐、卧、靠等姿势。靠枕的形状以方形和圆形为主，多用棉、麻、丝和化纤等材料，采用提花、印花和编织等制作手法，图案自由活泼，装饰性强。靠枕的布置应根据沙发的样式进行选择，一般素色的沙发用艳色的靠枕，而艳色的沙发用素色的靠枕。靠枕主要有以下几类。

①方形靠枕。方形靠枕的样式、图案、材质和色彩较为丰富，可以根据不同的室内风格需求来配置。它是一种正方形或长方形的靠枕，一般放置在沙发和床头。方形靠枕的尺寸通常为 40 cm×40 cm、50 cm×50 cm，长方形靠枕的尺寸通常为 50 cm×40 cm。

②圆形碎花靠枕。圆形碎花靠枕是一种圆形的靠枕，经常摆放在阳台或庭院中的座椅上，让人有家的温馨感觉。圆形碎花靠枕制作简便，其尺寸一般为直径 40 cm 左右。

③莲藕形靠枕。莲藕形靠枕是一种莲藕形状的圆柱形靠枕，它给人清新、高洁的感觉。清新的田园风格中搭配莲藕形的靠枕有清爽宜人的效果。

④糖果形靠枕。糖果形靠枕是一种奶糖形状的圆柱形靠枕，其制作十分简单，只要将包裹好枕芯的布料两端做好捆绑即可。它简洁的造型和良好的寓意能体现出甜蜜的味道，让生活更浪漫。糖果形靠枕的尺寸一般长 40 cm，圆柱直径约为 20～25 cm。

⑤特殊造型靠枕。特殊造型靠枕主要包括幸运星形、花瓣形和心形等，其色彩艳丽，形体充满趣味性，让室内空间呈现出天真、梦幻的感觉，在儿童房应用较广。

（4）壁挂织物。壁挂织物是室内纯装饰性的布艺制品，包括墙布、桌布、挂毯、布玩具、织物屏风和编结挂件等，可以有效地调节室内气氛，增添室内情趣，提高整个室内空间环境的品位和格调。

4. 室内布艺设计风格

（1）欧式豪华富丽风格。欧式豪华富丽风格的室内布艺做工精细，选材高贵，强调手工编织技巧，色彩华丽，充满强烈的动感效果，给人以奢华、富贵的感觉。

（2）中式庄重优雅风格。中式庄重优雅风格的室内布艺色彩浓重、花纹繁复，装饰性强，常使用带有中国传统寓意的图案（如牡丹、荷花、梅花等）和绘画（如中国工笔国画、山水画等）。

（3）现代式简洁明快风格。现代式简洁明快风格的室内布艺强调简洁、朴素、单纯的特点，尽量减少烦琐的装饰，广泛运用点、线、面等抽象设计元素，色彩以黑、白、灰为主调，体现出简约、时尚、轻松、随意的感觉。

（4）自然式朴素雅致风格。自然式朴素雅致风格的室内布艺追求与自然相结合的设计理念，常采用自然植物图案（如树叶、树枝、花瓣等）作为布艺的印花，色彩以清新、雅致的黄绿色、木材色或浅蓝色为主，给人以朴素、淡雅的感觉。

5. 室内布艺设计的搭配原则

（1）体现文化品位和民族、地方特色。室内布艺搭配时应注意体现民族和地方文化特色。例如，茶馆的设计可采用少数民族手工缝制的蓝印花布，营造出原始、自然、休闲的氛围；特色餐馆的设计可采用中国北方大花布，营造出单纯、野性的效果；波希米亚风格的样板房设计可采用特有的手工编制地毯和桌布，营造出独特的异域风情。

（2）风格相互协调。布艺的格调应与室内整体风格相协调，避免不同风格的布艺混杂搭配。

（3）充分突出布艺制品的质感。室内布艺搭配时应充分考虑布艺制品的样式、色彩和材质对室内装饰效果造成的影响。例如，在夏季，选用蓝色、绿色等凉爽的冷色的布艺制品，会让人感觉室内空间温度仿佛在降低；在冬季，选用黄色、红色或橙色等暖色的布艺制品，会让人有室温提高的感觉。

第五章　当代室内设计中空间色彩表达的视觉形式美学

第一节　视觉形式美学中的室内色彩设计方法

一、视觉形式美学中的室内色彩设计原则

（一）传达视觉信息要符合环境需求

恰当的色彩可以传达正确的视觉信息。色彩可以从生理与心理两方面引起人的情绪反应，有人曾在 1976 年做过一项关于室内环境色彩对人的情绪影响的研究，当时把志愿者分成两组，一组进入一个色彩丰富的房间，另一组进入一个色彩单调的灰色调房间。结果证明，长时间处在灰色调房间中的人感受到了持续的压力，产生了厌倦的心理。由此可以看出，色彩传达的视觉信息可以是积极的，也可以是消极的。因此，在进行室内色彩设计时，要符合环境的功能需求。

（二）要创造整体色彩和谐

和谐是指多种元素之间配合得适当和匀称。色彩和谐是指多种色彩之间搭配得很匀称，富有平衡感、韵律感，即将两种或两种以上的色彩加以配置，彼此不发生冲突就是和谐。在制订室内色彩设计计划时，除了要适应人的生理和心理要求与色彩的功能作用外，还要展示出室内空间环境的形式美，使整个空间环境的色彩充满整体感并且达到色调和谐。

二、视觉形式美学中的室内色彩设计要求

在室内环境中，色彩是最基本的要素。人们通常认为室内色彩设计只是寻找好看或者流行的色彩，但在室内环境设计中色彩确是创造视觉形式的主要媒介，所以好看和流行都是视觉美学的重要方面。更值得关注的是，室内色彩的使用要起到加强环境效应的作用。

（一）室内色彩必须根据色彩的心理因素进行设计

置身于环境中，色彩必然会引起人们主观的心理反应，从而导致某种心理活动或情绪的产生。在长期的社会生活实践中，人们虽然对色彩有着不同的理解，但是在感情上逐渐达成了共识。我们通常会用形容词来表达对色彩的感觉，如优雅的、华丽的等。从心理学角度看，色彩会让人感到快乐、舒适、忧郁、哀伤等，相同的色彩在不同的室内环境中使用时，人们产生的感觉和情绪也会不尽相同。我国地域广、民族多，不同的地域环境、不同的民族会形成不同的文化，这都会影响人们对色彩的偏爱程度。因此，只有正确掌握人们的色彩心理规律（需要扩展），才能合理有效地装饰并美化环境空间。

不同年龄段的人对色彩的感觉不尽相同。心理学家研究表明，年龄为 2～3 岁的儿童喜爱艳丽明快的颜色，尤其是对比明显的颜色，有部分孩子对新鲜颜色的偏爱会持续整个儿童阶段。因此，为这一年龄段的儿童做设计时，应更多地使用明度高与纯度高的色彩。实践证明，儿童在红、橙、黄、绿、蓝、紫、青、黑、白、灰等 10 种颜色中，更偏爱红、黄、绿，较少偏爱黑、灰、棕。儿童在 5 岁之前对颜色爱好的差异并不显著，但 6 岁之后，会表现出明显的性别差异。男性最喜爱黄、蓝两色，其次是红、绿两色；女性则最喜爱红、黄两色，其次是橙、白、蓝三色。充满童趣的女孩钟情于浅色调，而男孩认为深色或稳重色调较适合他们。丁秀玲对儿童色彩感受的研究显示，65% 的 4 岁儿童能感受到色彩的冷暖；随着年龄的增长，5～6 岁儿童的色彩感受度已达到 70% 以上。儿童从 4 岁开始就已具有相当明显的先天直觉美感，因而对色彩均衡、和谐也有较好的感觉。另外，儿童的审美趣味会随着年龄增长表现为由色彩鲜艳、对比强烈向协调、柔和方向转变。因而，为年龄稍大的儿童做设计时色彩对比应有所调整。

据统计，儿童大多喜爱极鲜艳的颜色，婴儿喜爱红色和黄色，4～9 岁儿童最喜爱红色，9 岁的儿童又喜爱绿色。另外，7～15 岁的小学生中男生的色彩爱好次序是绿、红、青、黄、白、黑，女生的爱好次序是绿、红、白、青、黄、黑。随着年龄的增长，人们的色彩喜好逐渐向复色过渡，向黑色靠近。也就是说，年

龄愈大，所喜爱的色彩愈成熟。这是因为儿童刚走进这个大千世界，大脑一片空白，对一切都有新鲜感，需要简单的、强烈的色彩以促进神经细胞的产生和增长。随着阅历的增加，人们的脑神经记忆库已经被其他刺激占去了许多，所以对色彩的感觉相应地就成熟和柔和些。

对于不同年龄段的人，适合的色彩不尽相同。

推荐色彩：金黄、银灰、米白

适合人群：25 岁左右

点评：极度的个性张扬会在 25 岁左右的人群中表现得比较突出，所以对这部分人来说，比较沉稳的银灰、米白等偏冷的色调往往适合他们。偏冷的色调会让他们在这种环境中慢慢放松，让性情中的浮躁和不安慢慢消解。

建议：在设计中，银灰、米白往往会被当作冷色调，墙面、地面多采用这些颜色，年轻人完全可以打破这一固定的模式，如果墙面和吊顶选用金色作为底色，再用冷色调处理家具、沙发、背景墙等地方，就会显得既干净又雅致。

快节奏的生活、过大的压力使生活在都市里的人常常感到心力交瘁。心理学家表示，不同的色彩会对人产生不同的心理暗示，色彩甚至会影响人的心理健康。

推荐色彩：天蓝、淡绿、粉红

适合人群：35 岁左右

点评：35 岁左右的人群处于人生中压力最大的阶段，资料显示这年龄段中 70% 的人群处于亚健康状态，不少人还得了抑郁症。宽阔的视野和较为跳跃的颜色能带给这一人群希望和激情，天蓝、淡绿、粉红对 35 岁左右的人有很好的心理暗示。

建议：天蓝、淡绿这些色彩很亮，不宜大面积使用，所以最好选用白色作为主打背景色，墙面、地面以白色或原木色为主，而在家具、布艺等方面大量选用这些亮丽的色彩，能使人感到心情愉悦。如果室内空间不大，建议墙壁和天花板选用同一种色彩，这样会带来空旷开阔的视觉效果。

推荐色彩：暗红、桃红、棕黄

适合人群：老年人

点评：暗红、棕黄等色彩给人以安全感，而桃红、紫色等较时尚的颜色又可满足老年人追求时尚的愿望，这些色彩既符合老年人对温馨、舒适感觉的要求，又能带给老年人健康、时尚、年轻的心理暗示。

建议：老人居室设计的主要前提就是温馨、舒适，所以这些以暗红、棕黄为主的暖色系迎合了老年人的要求。无论以哪种颜色为主打色都会显得温馨、舒适，但由于色彩丰富，需要合理使用。

颜色的使用一定要有针对性地进行设计，切不可盲目使用颜色，以免对使用人群造成不必要的心理伤害。

（二）室内色彩设计必须充分利用色彩的功能

从视觉形式美学角度来看，室内色彩环境设计必须要从色彩的功能出发，充分发挥色彩的调节作用。例如，人们在强烈的红色的刺激下，就会心跳加快，血压升高，而红色调的室内环境也会使人烦躁不安，更难以集中精力。

因此，针对不同的场合，应该科学地使用色彩，避免因色彩引起的视觉疲劳、错觉和色彩污染。

三、视觉形式美学中的室内色彩设计方法

（一）注重室内色彩的主体色调

室内色彩计划的制订、室内色彩主体色调的开发要以把握整体的色彩和谐为原则。室内空间往往要提高物体的明视性，这样才可以有效地缓解视觉疲劳。以人的视觉自然性去审视室内空间环境，发现顶面、墙面和地面的色彩面积最大，因此这三部分的色彩构成了室内空间的基调色彩。

1. 室内空间基调色彩的选择要符合色彩的功效

选择室内空间色彩时一定要先了解室内空间的实际用途、空间属性等，这样才能正确选择颜色。因为室内色彩会直接影响人们的情绪，室内色彩环境会影响人们的逗留时间。例如，在餐饮空间中，想让人久坐，就必须营造高雅的环境，基调色彩不能使用过于艳丽的颜色，快餐空间则刚好相反。另外，经研究发现，幼儿园的室内环境色彩会直接影响儿童的智力发育。因此，不同用途的室内空间应该根据色彩的功效选择不同的色彩进行装饰。

2. 在室内色彩环境的设计中，需要注意光效应

自17世纪60年代牛顿发现七色光后，人类对颜色进行了深入研究，如今设计者意识到色彩在不同的光源下所展现出来的视觉效果是不同的。如果忽视光效应，那么在实际的室内空间中使用人工照明时，整个色彩环境就会失去日光下的面貌。

3. 室内色彩环境设计需要考虑地理位置因素的影响

地理位置因素包括地域的气候特征和风俗习惯等。地域的气候特征对室内色彩选择的影响主要表现在气温方面，气温会直接影响人们的舒适感，从而引发不同的视觉反应和心理反应。气温的高低直接影响人们在视觉上的需求，人们往往会在色彩和质感方面得到心理平衡，从而产生视觉形式美感。例如，高纬度的寒带地区的人们为了在视觉上寻求温暖的感觉，容易接受暖色系和略微暗沉、浓郁的颜色，而低纬度热带地区的人们则刚好相反。在不同地区，色彩的使用会有不同的要求，甚至禁忌，所以在使用色彩时，一定要注意色彩要表达的内容。

（二）室内色彩必须和谐搭配，有合理比例

在色彩搭配上需要合理掌握比例。法国国旗的图案是蓝、白、红三色条纹。最初设计时，国旗上的三条色带宽度完全相等，但是当制成的国旗升到空中后，人们总觉得这三种颜色在国旗上所占的分量不一样，似乎白色的面积最大，蓝色的最小。为此，设计者专门招集色彩专家进行分析，才发现这与色彩的膨胀感和收缩感有关。当把这三色的真实面积比例调整为蓝：白：红 =37：30：33时，三色所占分量看上去反而相等了。这是因为在一般情况下，波长短的冷色光往往在视网膜前成像，而且较波长长的暖色光成的像小；波长长的暖色光往往在视网膜后成像，而且其成的像比波长短的冷色光成的像大。因此，波长长的红橙色有迫近感与扩张感，而波长短的蓝紫色有远逝感与收缩感。人眼的水晶体就像一个凸透镜，会使光线发生偏折从而在眼底聚焦。当蓝光经过人眼的水晶体聚焦时，比红光聚焦要近一些，因此当一样大小的蓝色物体与红色物体和眼睛的距离相同时，我们的眼睛就觉得蓝色的物体较大。蔚蓝的天空显得特别高，礼堂等建筑常用蓝色粉刷天棚以显得高旷，就是这个道理。

在进行色彩设计时，必须考虑"图"与"底"的关系。室内环境的基调色彩应是"底"，而其他的色彩就是"图"。另外，要特别注意视觉残像的作用。在使用颜色时必须注意每种颜色的数量以达到空间的色彩平衡。在整个空间中，首先基调色彩的面积最大，占到一半甚至一半以上，要选择两三种颜色，分别来装饰墙壁、顶棚和地面，并且要有主次之分；其次有四分之一要选择两个颜色作为辅助色彩，用在陈设和帷幔上；最后的四分之一要选择五到六种颜色，组成具有视觉冲击力的颜色，以突出室内的空间效果。

第二节　室内空间结构关系中的视觉形式

一、视觉形式中的空间设计元素

视觉形式分为表层形式和深层形式，在研究中，需要采用有针对性的方法进行探讨，下面就以线条、面和色彩为例进行详尽说明。

（一）对线条视觉形式进行分析

线是表层视觉形式最基本的要素。线条在视觉艺术中的重要性表现在以下两个方面。

1.线条是室内空间设计造型的重要手段

线条通过虚实、轻重、强弱、粗细的变化产生空间上的远近感觉，表达形体关系和前后距离，从而产生透视感。在雕塑和建筑中，线不仅是造型的轮廓，还是其结构的骨架。在哥特式建筑中，高耸入云的空灵感和崇高感通过线呈现出来。同样，内部的空间感也通过拱形通透的线来体现，增添其向上升腾的动感。

线条总体上可分为直线和曲线。若再细分，直线又分为垂直线、平行线、斜线和交叉线等，曲线又分为波状线、螺旋线、蛇形线等。从线的审美取向可以看出不同时代审美观的差异。在当代，线条表现形式的趋势是从情感向非情感过渡、从具体向抽象过渡的。当代艺术家和设计师非常关注线条与其他视觉因素所构成的视觉形式的关系，如线集群的张力、视感幻觉、线的空间建筑等。

室内线条视觉形式如图5-1所示。

图5-1　室内线条视觉形式

2.线条具有情感表现性

线条的表现具有直接性、灵活性和准确性的特点。直接性意味着感受的强烈，即在对象呈现的瞬间，用线条将其本质呈现出来。线在表达变化的生动形象时更加灵活自如，捕捉思想感受时更加快捷。在造型中，它显得夸张、大胆，可以调动、激活人的潜在创造力。线造型是建立在对形象有特殊感受和充分认识的基础之上的"再创造"，它注重的是对自然形象的本质反映。受移情心理学的影响，19世纪后期至20世纪初的新艺术运动的代表认为、比利时建筑师亨利·凡·德·威尔德声称："很少有其他创造物能像线条一样，与其创造者的心灵有如此直接的紧密关系。"

（二）对面视觉形式进行分析

面在几何学中的含义是线移动的轨迹，两个或两个以上图形会产生各种不同的平面图形。面具有长、宽两度空间，它在造型中所形成的各种各样的形态是设计中的重要因素。面是与点和线相比较大的形体，是造型表现的根本元素。

1.面的视觉特征

（1）面的构成。点的密集或者扩大，线的聚集和闭合都会形成面。面是视觉形态中最基本的形，它在轮廓线的闭合内，给人以明确、突出的感觉。

（2）面的形态。面的形态多种多样，不同形态的面在视觉上有不同的作用和特征。直线形的面具有直线所表现的心理特征，如安定、有秩序感，具有男性的性格特征；曲线形的面柔软、轻松、饱满，具有女性的性格特征；偶然形的面即如水和油墨泼洒所产生的形状，比较自然、生动、有人情味。

2.面的视觉表现

（1）几何形的面表现出规则、平稳、较为理性的视觉效果。

（2）徒手的面给人以随意、亲切的感性特征。

（3）有机形的面展现柔和、自然、抽象的形态。

（4）偶然形的面自由、活泼、富有哲理性。

（5）自然形是事物本身具有的自然形态，如树叶、花瓣、荷叶等，也包括自然环境中的生物在经过人为的平面处理后形成的二维形态。在设计中，设计者往往会从自然界中寻找设计的灵感，通过二维平面方式将其转换为平面图形，并运用到建筑设计、室内空间设计，甚至是产品造型设计中。

（三）对色彩视觉形式进行分析

色彩作为视觉形式的物质媒介之一，是艺术家表达情感、与自然界沟通的有效手段。人的视觉对色彩十分敏感，因而色彩所产生的美感最为直接和强烈。因此，马克思说："色彩的感觉是一般美感中最大众化的形式。"色彩这一形式元素具有如下功能。

1. 色彩具有空间造型能力

色彩造型之所以可用，一方面是由于色彩本身的性质，另一方面是由于人的视觉与色彩的相互作用。人类视觉感知的一切色彩都具有色相、明度、纯度三种性质，这是色彩构成的最基本要素。色彩造型的原理与形体透视的原理相似，线条在空间中有透视缩短现象，而色彩在空间中则有视觉混合的现象。这二者都与人视觉器官的生理结构有关。同时，色彩通过色调的差异和色相的对比，呈现出不同层次的空间变化。暖色和明度高的色彩使物体显得更大些，有扩张感；冷色和暗色物体显得更小些，有收缩感。室内空间设计常利用色彩的体量感改善空间和构配件的某种缺陷，以求视觉的平衡感。

2. 色彩具有情感表现性

色彩是情感的语言，与其他视觉媒介相比，色彩的情感表现性是相当丰富的。现代生理学和心理学表明，色彩能使人们产生大小、轻重、冷暖、膨胀、收缩、前进、远近等感觉。歌德对色彩的表现性的精辟论述体现在其著作《色彩学》中，他认为，色彩应该分为积极的（或主动的）色彩和消极的（或被动的）色彩。主动的色彩能够产生一种"积极的、有生命力的和努力进取的态度"；被动的色彩则"适合表现那种不安的、温柔的和向往的情绪"。不同的色彩分别传达出不同的情绪，使人们产生不同的心理和生理反应。

二、视觉形式中室内空间的设计表现

（一）视觉形式下点在室内空间中的设计表现

点在室内造型设计中的应用一般分为功能性和装饰性。在室内空间中，点既能确定距离、位置，又能决定形态造型。点的形态可以变化，具有突出重点、集中视线、精准定位的作用。室内设计中的点既有以实体形式存在的点，也有虚化的点。虚化的点给人的感觉既清晰又模糊，设计者可以通过虚实点之间的结构关系展示室内空间。图 5-2 是一个办公空间的设计图，从画面中可以看出，墙面因光形成的空隙是以虚点的形式存在的，这不仅起到了照明作用，还对整个空间起到了装饰作用。顶面与墙面的小方体构成搭配，实点与虚点将空间装扮成虚虚实实的梦幻空间。

图 5-2　办公空间设计图

（二）视觉形式下线在室内空间中的设计表现

从视觉形式角度来看，线存在于室内空间界面或实体界面的轮廓、转折、分割、交界处。在设计中，合理运用线型的粗细与排列会使设计者与感受者之间产生共鸣。设计元素中的线很好地区分了空间界面和实体表面。另外，线还具有区分空间使用功能的作用。因此，在设计室内空间时应处理好线与空间之间的关系，合理运用各种形式的线型关系，可以使空间既有层次感，又有美感。

（三）视觉形式下面在室内空间中的设计表现

在室内空间设计中，当点达到一定面积时就会以面的形式存在。空间实体以面为表形，整个室内空间主要以面为背景。使用面作为设计元素有助于改变空间整体效果。面一般分为两种类型：一种是真实存在的面，如墙面和物体的表面；另一种是由视觉产生的、不具有实体意义的虚面，如室内的光影效果所形成的面，这种虚面能给室内空间增添光感效果，扩大室内空间体量。

按照空间布局的视觉形式进行划分，面又可以分为视觉中心面、视觉次面。大面积的墙面在室内空间中占有绝对重要的比例，这就是设计者需要重视的视觉中心面。使用大面积的涂料或墙纸处理墙面，局部使用文化石、装饰画或镜面加以点缀，可以使室内空间具有整体协调、效果突出的特点。地面和天花板形成了次面，次面使用的色彩应该比墙面色彩简洁明快，给人以明亮的感觉，但顶面颜色效果整体上不能超过墙面，否则容易在视觉上产生反客为主的结果。整体空间的中心面和次面彼此衬托，相辅相成，重点突出，层次分明。

另外，体在几何学中为面移动的轨迹。体有位置、长度、宽度、厚度，但无重量感。在室内空间中体占有实质的空间，具有体积、容量和重量等特征，而体元素主要体现在建筑空间中。

第三节 视觉形式中室内空间的形式美法则

形式美在西方美学史与艺术哲学中是一个非常重要的范畴，它在艺术创作、艺术鉴赏和审美活动中发挥着极其重要的作用。

室内空间的形式通过平面和空间中的诸多要素来体现，其在设计领域中是一个抽象的概念。也就是说，它涵盖了室内一切可感知的形式因素，如室内的平面构成关系、立面构成关系以及构件、家具和陈设的组成关系等。而这些构成关系等形式因素体现了形式美法则，其中包括对称与均衡、对比与调和、节奏与韵律、变化与统一、重叠与渗透等。

一、形式美中的"对称与均衡"

（一）对称

对称是指轴的两边或周围形象的对应等同。对称是一种特殊的均衡，具有稳定、端庄、整齐、平静的特点。它是两个同一形的并列与均齐，在视觉上让人感到庄重、威严、肃穆、完美，呈现出秩序美与条理美。

（二）均衡

均衡是指在假定的中心线或支点的两侧形象各异而量感等同的方式。均衡形式主要通过经营位置、比例、色彩等因素产生效果。均衡能调整室内空间的氛围，使其显得自由活泼。它是在形式、材料等方面保持一种视觉平衡的设计方法，这种平衡方式不是物理学上的"平衡原理"，而是由视觉引起的对心理产生影响的一种力的平衡（图5-3）。

图 5-3　室内对称与均衡

二、形式美中的"对比与调和"

（一）对比

对比是指在设计室内空间时，突出设计元素的矛盾性、强化可比性，使元素富有变化、差异增、个性鲜明。合理地使用对比有利于表现单个设计体的个性。在室内空间中，对比的因素主要有黑白、曲直、动静、高低、大小、虚实等。合理运用对比能够增强室内空间的形态效果，彰显个性；如果使用不当，则会产生适得其反的视觉效果。这就要求我们在运用对比因素时，协调好组合方式、比例关系、空间结构关系等。

（二）调和

调和是指将各种存在于矛盾体中的无秩序的元素进行整合，使其合理、有序，并存在于一个统一的环境中。在设计中，要找出设计的各个组成部分之间的联系，促成它们之间的互相配合，以使空间整体协调。要想在设计中达到调和的目的，需要在空间形象的特征上采取渐变的形式，增加重复或近似的造型方式，实现增强室内视觉效果的目的（图 5-4）。

图 5-4　室内对比与调和

三、形式美中的"节奏与韵律"

有规律的重复被称为节奏，而有规律的变化则叫做韵律。节奏与韵律的关系非常密切。按常理来说，节奏与韵律都属于音乐要素的范畴。

（一）节奏

在艺术设计领域中，节奏使指按照一定的秩序、重复性连续排列而形成的一种律动形式。它有等距离的连续，也有渐大、渐小、渐长、渐短、渐高、渐低、渐明、渐暗等的排列构成。节奏是空间结构表现的重要原则，是均匀、有规律的韵律，是形态结构中同一要素随着节奏有规律地重复呈现的一种方式。

（二）韵律

韵律常与节奏同时出现，通过有规律地重复变化，数比、等比处理使空间产生音乐、诗歌般的旋律感，增加对象的美感和魅力。在设计中，韵律是通过面积、体积的大小，元素的疏密、虚实、交错、重叠等变化来实现的。

如图 5-5 所示的内部空间很好地利用了节奏与韵律的关系，使室内空间富有秩序感。

图 5-5　室内节奏与韵律

四、形式美中的"变化与统一"

（一）变化

变化就是改变一个元素的特点，使画面产生趣味对比。它与统一是相对的，因为过分统一往往会给人一种单调、死板的感觉，而变化则可以打破这种局面。但对变化的使用也要很小心，用得太多，就会导致混乱，并丧失趣味。这是因为变化是将一些设计元素进行适当组织，使它们成为既有关联又有变化的形态。

变化的途径主要有以下两种。

（1）从色彩、形态、材质、方向等方面对比元素，使元素之间达到两个极端，形成一种视觉冲击力。

（2）空间割取及透叠法。有时较大的三维空间经过概括整理，就会显得形象简单、画面单调。所以，为了增加画面的变化，提高其装饰效能，可以在空间里进行适当的割取或使用相互交叉的透叠方法，使整体空间结构内容充实，富有变化。

（二）统一

统一就是把各种设计要素组合在一起，使其有整齐划一的感觉，使设计作品有较好的整体性，使所有元素能够和谐相处，因为每个元素都在支撑着整体设计。

统一的途径主要有以下三种。

（1）重复是使用最为广泛的方法。在构图中各部分可利用重复联系起来，而重复包括形状、色彩、肌理等。当然重复并不是指完全相似，而是指一个要素的连续性使用。这种大面积的相同元素会产生统一性，达到强烈的震撼效果。

（2）渐变是指渐渐地变化，从一个形态渐渐变为另一个形态。渐变不是随意的变化而是有一定规律的变化，所以这种变化是可以预见的，具有统一性。

（3）连续是指把不同的元素有组织地安排在一起，使元素彼此相连，产生一种连续的统一感。连续的表现手法符合"寓多样于统一中"。

五、形式美中的"重叠与渗透"

重叠与渗透是形式美法则的重要组成部分。当一个形态部分覆盖它后面的另一个形态时，就会出现重叠，不同的重叠方式会产生不同的视觉效果。

通常情况下，重叠的方式可分为有规律重叠和无规律重叠。有规律重叠是指连续性和统一性所带给人们的较强的韵律美。由于有规律重叠的形和位置的不对称，在视觉上能形成强弱对比、效果突出、富有变化的节奏感。

渗透是指当两个单元形态相互交错，形成模糊的空间边界时所产生的内外和大小相互影响的视觉效果。

（一）重叠

在进行室内空间设计时避免不了采用重叠方式，不同的空间结构给人的感受也不尽相同。在设计室内空间时必须把重叠方式的使用与精神感受这两个方面的要求统一起来加以考虑，要按照一定的设计构思，创造出令人赏心悦目的空间环境。下面分别对规则形状空间的重叠和不规则形状空间的重叠进行阐述，以说明这两类重叠方式对室内空间所造成的影响。

（1）规则形空间是指空间的平面状态下的各个组成部分是有秩序的，一般呈稳定状态和对称状态。由于平面几何关系与立面几何关系是由空间形状来体现的，只有当二者同时起作用时才能形成三维空间。方和圆在几何形态中属于最基本的几何形态，其他的几何形态是由这两种初始形态经过切割、过渡、加减以及综合等方法派生出来的。通常情况下，规则形状空间的重叠严肃、稳定，体现出规律性和秩序性。

（2）不规则形状空间的重叠在形式方面不尽相同，彼此之间的前后关系也不一致。其在一般情况下是不对称的，或者是形式规则而构图不规则。不规则空间的重叠具有活泼、跳跃的特征。

综上所述，空间整体结构关系会影响人对室内空间的整体认知，空间中形态各异的形状相重叠会对人的心理产生不同的影响（图5-6）。

图5-6　室内重叠

（二）渗透

如果在分割相邻空间时，有意识地保持被分割空间在某种程度上的相通性，那么处在这种空间中的人就能看到其他空间中的景物，从而实现空间的彼此渗透、相互借景，这样会大大增强空间的层次效果（图5-7）。

图5-7　室内渗透

运用渗透手法不仅可以创造出室内空间的虚幻感，还能丰富空间的装饰感。渗透手法所带来的是空间层次效应，是营造室内环境氛围的一种设计手段，给人以美的体验。

第四节　室内空间关系与视觉形式中的色彩美

空间分为自然空间与人为空间。自然空间是不以人的意志为转移而客观存在的；人为空间是相对于自然空间而言的，是人类有序生活、维持生存所必需的物质产品，是人类劳动的产物。

色彩是室内空间的一部分，它不是一个抽象的概念，而是将室内空间的光线、材质和肌理紧密地结合在一起，协调室内空间与材质、界面等因素之间的关系，以符合舒适、效果突出的室内空间要求。

任何元素、结构关系等都存在于空间中，色彩也依附于空间。若要对空间设计与色彩设计进行排序，则空间设计在前，色彩设计在后。这是因为空间中的任何色彩都是依靠光显现出来的，空间没有色彩依然存在，而色彩离开空间则无法显现。另外，设计需要先把握好空间尺度、造型、结构等，并在此基础上注意材料色彩的合理运用。合理的色彩可以丰富空间层次关系，增强视觉反差力度。

本节试图从色彩与室内空间组合中寻找彼此之间的关系，并在此基础上通过空间功能与色彩的关系、空间尺度与色彩的关系两个方面的内容来说明色彩与空间的关系。

一、室内空间功能与色彩之间的关系

室内空间有着不同的功能，如客厅用于接待客人和家庭娱乐、卧室用于休息、书房用于学习和陶冶情操等。不同的空间功能营造出不同的环境氛围，活跃的或安静的、轻松的或庄严的、亲切的或端庄的。以商业空间为例，在商业空间环境中，色彩是市场营销学的最前线。色彩能够影响人们的心理和情绪，不平衡的色彩或不愉快的色彩都足以影响销售额。任何商业环境都是以提高销售额为最终目的的，所以不同类型的商品需要不同的色彩来衬托。色彩的合理使用会让人们在愉快的情绪下购物，也会使商品更加引人注目，从而突出商品的价值所在。

图5-8与图5-9是南京德基广场内部的商业空间效果图，该商业空间主要使用了明度偏高的中性色，以此衬托商品价值，从而使商品本身的内在价值得到进一步提高。再如餐饮行业，其在餐饮空间氛围的打造中，色彩的装饰至少占了70%的分量。另外，在餐饮空间中基色调占据了视觉的大部分，其决定了人们对环境的适应程度和逗留时间。

图5-8　南京德基广场内部的商业空间效果图之一

图 5-9　南京德基广场内部的商业空间效果图之二

　　国外有一家饭店，其老板为招揽顾客，将墙壁涂上淡绿色，吸引了很多顾客就餐，老板非常高兴。但随之而来的是让人头痛的问题，虽然每天顾客盈门，但是营业额却不高。这是因为空间中的淡绿色可以使人乐而忘返，长时间久坐聊天，这就会令许多乘兴而来的顾客因找不到座位而离去。后来经过色彩专家的指点，餐厅将颜色改为淡粉红色。淡粉红色同样吸引顾客，但会令顾客兴奋而不愿久留。结果，客人食欲大增，而且吃完就走。顾客周转快，销售额增加，利润猛增。色彩的微妙变化可以决定客人在餐厅的逗留时间。因此，快餐厅应通过采用明亮的色彩或提高光照度来打造快节奏、高效率的色彩氛围，一方面可以提升运营效率，另一方面可以满足空间功能要求。在设计餐饮空间时，应该避免使用蓝色、紫色、黄绿色等鲜艳的色系，豪华的餐厅则要选用高雅、温馨的色调，配合精致的材料，还要降低光的照度，采用柔和光线，打造安静、舒适的氛围。

　　因此，只有当室内空间功能与色彩紧密地联系在一起时，空间的氛围才能被展现得淋漓尽致。然而，色彩与空间功能之间不仅仅是一对一的对等关系，色彩还可以在此关系的基础上对空间功能进行升华。由于室内环境设计的最终目的是使人在物质与精神上都得到更好的满足，我们必须了解人们对环境的认知能力，使空间色彩的应用价值得到提升。这种认知方式是先从人体的感官开始的，人通过感官系统从周围环境收集和处理信息，产生心理反应，从而完成整个认知过程。在这一过程中，人的感觉、知觉、思维、情感、记忆等对特定空间环境会产生反应，进而促使人对室内环境产生感知评价，如美感、新奇感、舒适感或恐惧感等。在整个心理过程中，色彩能够起到引导和刺激的作用。

二、空间尺度与色彩的关系

（一）尺度概念与意义

尺度通常被人们用来表示尺寸的大小。实际上，尺寸只是物理数据，而尺度则指人们在空间中生存时所体验到的生理上和心理上对该空间大小的综合感觉，是人们对空间环境及环境要素在大小的方面进行评价和控制的度量。空间尺度是环境设计众多要素中最重要的一个方面，它的概念中包含更多的是人们面对空间作用下的心理以及更多的诉求，具有人性和社会性的概念。

尺度在室内设计的创作中具有决定性的作用。在室内空间设计中如果没有对几何空间的位置和尺度进行限制，就不可能形成任何有意义的空间造型，因此从最基础的意义上说，尺度是造型的基本要素。理想空间的获得与人的心理感受和生理功能密切相关。各种人造的空间环境都是为人使用的，是为适应人的行为和精神需求而建造的。因此，我们在设计时除了考虑材料、技术、经济等客观问题外，还应选择一个最合理的空间尺度和比例。

人类都在空间中生存，建筑室内和室外空间不可避免地对人们产生了最为重要而又容易被忽视的影响力。人们不能脱离空间而独立存在，因而空间及其尺度应使人们对所处环境感到舒适，并且空间会极大地影响人身其中的情绪。同时，对空间的形式、大小、色彩等方面的处理也要尽可能合乎使用者的内心需要，从这个角度说，空间最终的形成主要依靠人们自身的兴趣和品味。因此，人与空间的尺度之间更多的是一种心理上的感受与关联，人的心理需求是确立空间尺度最重要的因素。

（二）空间尺度与色彩的关系

设计实践经验告诉我们，色彩可分为前进色和后退色，正因为色彩具有这一特性，我们才可以利用它来调整空间的尺度关系。例如，为了让狭长的过道变得更宽敞一些，在装修时可以将与我们视线平行的那个面涂上前进色，使我们在视觉上产生错觉，拉近对面的墙体与人视线的距离，这样做无形中就把过道变得宽敞了一些。如果为了解决空间纵向距离短的问题，那么我们可以将对面的墙体涂上后退色。

色彩会影响空间尺度和空间范围。当不同的色彩同处于一个空间时，能依据色彩性质不同，很好地划分空间。例如，当在大型的空间中使用足够大的两种或两种以上对比色块时，该空间被色彩分割成不同且相对独立的小空间，这种设计手法能使空间富有层次感。为了使较小的空间看起来更大，并能保持空间的整体效果，就不能使用过多的色彩。

空间尺度必须与色彩构成合理关系，色彩在属性上所具有的诸多特性使它在空间尺度上的应用充满魔力，但是应用好坏与否取决于我们对色彩属性的了解。

三、视觉形式的美学意义

"视觉形式"这一概念出现以后，理论研究者不得不把它与美学结合起来进行深入研究，以探究视觉形式美学的性质和意义。事实上，现代设计中的视觉形式是由"构成"的原理组织起来的，设计上的构成概念深受现代艺术的影响，而构成原理最开始是由德国设计家彼得·贝伦斯（Peter Behrens）在设计上应用的。他认为，视觉训练的核心内容应该是对几何形态比例的分析，应将简单的几何图形作为分析的对象，对圆形、方形等简单的几何图形进行对称、重叠、图形之间的交叉和解析等不断的练习，最终达到对图形结构的真实理解。

设计者在设计室内空间时追求的是室内色彩与空间结构的完美统一，这一目标实际上是对室内空间的视觉形式美的追求。人是空间的主体，任何设计的最终结果都是为人服务的，室内空间设计师经过长年累月的设计，已经积累了丰富的设计经验，但是他们中的很多人并没有真真切切地依据设计理论去发现人对空间的要求，对空间结构中的色彩表达不够重视，从而造成设计缺憾。

如今，我们必须对与室内的色彩表达和空间结构关系有关的视觉形式美学意义进行再思考。"再思考"不是对前人对空间结构关系的阐述及室内色彩相关理论的否定，而是基于这些理论重新整理、归纳、提升，丰富视觉形式美学的理论内容，弥补设计师对色彩与室内空间之间关系的认知，尽量避免空间设计中的缺陷，提升我国在室内空间设计中的竞争力，进一步提升我国在国际设计舞台上的影响力。

那么，视觉形式美学到底有哪些方面的意义呢？

首先，视觉形式美学为人们深入理解室内色彩的表达与空间结构关系提供理论依据。视觉的形式美法则存在着"对比与调和""节奏与韵律""对称与均衡"等构成关系，这是形成空间结构的前提，也是空间设计的理论基础。任何设计都离不开设计理论的支持，只有在此基础上才能更好地在空间中发挥个人的设计特长。体验者在具有形式美感的室内空间中，必然会被美轮美奂的空间效果折服。

形式美法则离不开色彩的因素，人们在观察一个物体时，会先看到它的色彩，然后才会看到物体的形状和质地等。在 17 世纪 60 年代，牛顿通过三棱镜发现光色彩的奥秘后，人类越来越执着于研究色彩的特性，探究色彩使用的合理性条件和要求，人类已经离不开色彩。真正意义上的视觉形式美是空间结构与色彩表达的统一，设计者只有将两者有机地结合起来，才能创造出让人赏心悦目的视觉"盛宴"。

其次，视觉形式美学是评价室内空间色彩的合理性、色彩与空间的协调性的最有效的方法。评价室内空间所运用的色彩是否合理、空间结构关系、色彩与空间的协调程度，需要从视觉形式美的角度进行分析评价。人们对色彩情有独钟，因为人类生活在五彩斑斓的世界中，若没有颜色，整个世界将毫无生机可言，人们会渐渐产生厌世、压抑等心理反应，这会对人体造成严重的伤害。

但是，不合理地使用颜色同样会对人造成生理和心理上的伤害，甚至危及生命。评价颜色使用是否合理，需要将其置于空间中（不管空间是有形的，还是无形的）去感受。只有在适应人使用要求的前提下，促使色彩与空间相协调，达到设计目的，才能真正地实现视觉形式美感。

图 5-10 和图 5-11 是上海外滩隧道站的效果图。在灯光的作用下，隧道的色彩显得非常耀眼，在注重光影的同时，把色彩与空间结构很好地协调起来。当地铁快速运行时，隧道呈现出了"时光隧道"的效果，让毫无生机的空间产生了梦幻般的视觉冲击力：采用高科技手段营造出黄色的海星、粉色的花朵、形状各异的几何图案，色彩变换不停，引人遐思。

图 5-10　上海外滩隧道站的效果图之一

图 5-11　上海外滩隧道站的效果图之二

再次，视觉形式美学为室内空间色彩的表达与空间结构关系的实践提供了现实依据。

任何空间环境都离不开色彩，合理的色彩为人类生活和工作提供了第二个"环境"。空间结构与色彩运用是相辅相成、和谐共生的关系，脱离任何一方都会不利于空间效果的表现。空间形态领域的形式美法则是从结构关系与色彩（不排除光影效果）方面去论证空间整体设计的合理性的，进而使空间结构关系与色彩有机地协调起来，从而有利于"表述"空间环境。

目前，我国经历了将近 70 年的设计学习、模仿、研究、再学习、再模仿、再研究的循环过程，如今的空间设计已经今非昔比，有了长足的进步。无论在空间结构关系的表现上，还是在色彩的运用表达上，都达到前所未有的高度，但是也存在一些问题。图5-12 是张艺谋导演的影片《满城尽带黄金甲》的室内场景，该室内场景将中国古典元素和色彩都表现出来了。我们且不论它描述的历史背景，单从空间结构与色彩运用方面分析，室内空间几乎都被色彩包围，中国的窗格、柱式纹样等装饰元素突出了中国古典韵味，室内场景中使用了大量象征中国古代皇家的黄色和中国人所喜爱的"中国红"，整个空间给人感觉很压抑，已经超出了人们对色彩的承受能力，违背了形式美法则。

图 5-12　《满城尽带黄金甲》的室内场景

视觉形式美关注的是对色彩的运用得当，空间结构关系到位，衬托室内空间环境。比如，台湾高雄的美丽岛站已经成为台湾旅游景点之一，圆形吊顶围绕室内中央的立柱展开，平面吊顶与垂直立柱相结合，加上颜色的合理运用，在光线的辅助下，整个空间格外靓丽。

最后，视觉形式美学是深化中国艺术设计教育的关键。现代设计教育起源于格罗皮乌斯建立的包豪斯学校的教育教学。格罗皮乌斯经过多年的理论教学与实践总结出：美学要与技术相结合，设计师要了解现代化的生产技术，为大众服务；提倡新技术、新材料在设计中的应用；强调运用最简洁的几何形态为工业化大生产服务，强调理性主义设计原则；设计的目的是人，而不是产品，主要体现以人为本的设计理念；设计必须遵循自然与客观法则。

格罗皮乌斯把设计思想贯穿到整个设计教育中，使之系统化、规范化，并积极寻找将科学探索精神、现代审美意识与民族文化相结合的方法。英格·肖尔（Inge Scholl）和奥托埃舍尔（Olt Aicher）于1946年在德国乌尔姆建立了乌尔姆设计学院，继续探索艺术设计教育模式。经过多年发展，形成了系统化的设计理论，为调解德国由来已久的文化与文明的矛盾提供了参考，并将现代设计从以前似是而非的艺术、设计之间的摆动立场完全地、坚决地转移到科学技术的基础上来，为现今的艺术设计和设计教育做出了巨大贡献。

视觉形式美学是从包豪斯学校的"构成原理"的教学中发展而来的，通过系统教学，理论结合实践，探索三维空间关系。虽然我国的设计水平有了长足的进步，但是存在的问题也比较多，如理性主义设计思想不够清楚，自然与客观法则的遵循程度还不到位，现代审美意识与民族文化相结合的方法还不够合理，我国民间有代表性的工艺设计的保护力度不够，等等。未解决以上问题，一方面需要我国政府出台相关的鼓励政策和法规进一步规范我国的设计要求，普及相关视觉形式美学知识，提高人们对设计的审美意识；另一方面需要设计院校规范设计基础教学模式，探索设计理论与实践相结合的方法，进一步完善符合我国国情的系统化设计教育体系。只有这样才能提高人们对视觉形式美学的关注程度，设计院校培养出的学生才能符合我国整体设计环境的需求。

第六章　当代室内设计中的技术美学原理应用

第一节　当代室内设计中技术美学的特征

在室内设计的发展过程中，许多学科都对其产生了重要影响，其中之一就是美学。而作为美学重要分支的技术美学与室内设计更是有着非常深厚的渊源。技术性是设计的基础和根本目的一件成功的室内设计作品应在设计风格、式样等具体的艺术形式中体现出美感。现代人生活质量的提高在很大程度上表现为对美的追求。

人们普遍对技术持有一种理性、乐观的态度，已将鉴赏技术美纳入审美价值体系。技术美学在室内设计中受到越来越多的重视和运用，其具体特征如下：

一、功能美

功能性是对一项设计的本质要求。没有使用功能，设计产品就没有存在的意义。功能美可以说是设计产品使用价值的一种展示和承诺。例如，用亚克力板做成的书架既有功能性又有艺术性，展现了技术美学中的功能美（图6-1）。因此，对功能美的成功展示便成为产品美整体性和多层次性展现的关键。可以说具有功能美的产品以物的组合秩序体现出生活环境与人的生理的、心理的和社会的协调，给人一种特有的场所感和对人类时空的独特记忆。功能美在人的形式感受、价值体验、意义领悟、审美氛围及意境的获得中具有中心地位。

图 6-1　亚克力板书架

　　室内设计中体现功能美是技术美学的主要内容，是人类设计目标的直观化和符号化，其本质特征就在于人所进行的设计实现了合目的性与合规律性的统一。竹内敏雄曾说过："产品的功能作为内在活动而在生意盎然的形态中表现出来，它作为充实而有光辉的东西为人所体验时，就相当于艺术品的内容。"所以，室内装饰中技术美的产生是由其自身的功能所决定的，并通过适当的外在形式表现出来。功能美是室内设计中的重要内容，产品正是以有用为价值基础，在不与实际功能分割的前提下自然流露出来的，而不是凭空附加的多余装饰。因此，尽量体现人造物的自然形态之美是设计对技术美在功能方面提出的要求。

　　技术美学在具体室内设计中的表达方式属于应用美学，所以学习技术美学的目的就在于应用。技术美学的学习对室内设计师来说非常重要，因为室内设计是一门实用性很强的艺术，它的直接目的就是满足大众的需要。在室内设计的方案设计阶段，设计师要先了解业主的家庭情况、个人爱好以及生活习惯，再针对业主的要求对建筑原结构进行合理的功能布局。产品的功能美通过人与物的关系体验使人感受到社会生活的温馨和人间的亲情。

二、艺术美

　　在技术发展的初期，人对技术掌握的不成熟往往造成产品与人的社会生活的不协调。回顾工业设计的发展历史，人们提出的最早的口号就是实现技术与艺术的有机结合。法国学者拉博德在他的《论艺术和工艺的结合》一书中指出：艺术的、科学的和工业的未来有赖于相互之间的合作，工业革命与艺术使命应在一个"艺术民族"的熔炉中融合。有了这一指导思想，艺术美在设计中被广泛使用，许多设计作品慢慢呈现出艺术美的特征。在《艺术与工业——工业设计原理》一书中，英国美学家赫伯特·里德对技术与艺术的结合提出了自己的看法。他结合德国包豪斯的宝贵经验，从艺术构成的角度将艺术分为两类：一类是人文主义艺术，具有再现性和具象性；另一类是抽象艺术，即非具象的诉诸直觉的。他认为，工业的艺术美就在于这种抽象性因素中。对产品形式的选择，要先从功能出发，然而当功能相近形式不同时，艺术美的判断就开始起作用了。对形式的这种选择，既可以通过理智思考做出，又可以不假思索地凭直觉做出。过去人们把装饰当作艺术本身，这是由于对艺术形式要素缺乏认识，其实产品不需要外加装饰，就可以成为"艺术品"，即产品可以通过抽象艺术而使人产生审美感受。

三、形式美

形式美在产品的审美构成中无疑具有重要地位，如金属和原木做成的隔断展现了技术美学中的形式美（图6-2），曲线形异型吊顶展现了室内设计中的形式美（图6-3）。在一般状态下，以第一种物质形式为基础，当产品形式基本符合功能要求，并符合美的规律时，表现审美的装饰形式应该多一些。例如，同样的室内空间既可以采用现代简约风格，又可以采用热情洋溢的地中海风格。设计作品若在表现形式美的同时体现功能美就不失为好的设计作品。总体来说，现代设计产品是物化了的意识对象，其技术美要通过两种可视的物质形式来传达：一种是表现审美的装饰形式；另外一种是体现功能的形式。通常情况下，这两种形式不是单独出现的，而是共同发挥作用，让人产生审美感受的。当然也有例外，一种新技术产品被设计出来时，其表现形式会暂时比较单一。例如，手机刚开始被设计出来时，外形都比较丑陋、又大又重，但随着技术的进步，外形可以说是千变万化：滑盖、直板、翻盖、旋转，可谓应有尽有。在新技术产品产生的初期，设计师可能不会把精力放到产品的外在形式方面，因此其形式基本上是自身内容的真实反映。但随着技术的进步和时间的推移，人们开始将重心转移到形式上，对外形有了更高的要求，这时该产品就会以多样的形式出现，而其基本功能可能不会发生太大的变化。外在形式虽然千变万化，但是都以更好地实现功能为准则，可谓万变不离其宗。

图 6-2　金属和原木做成的隔断

图 6-3　曲线形异型吊顶

此外，功能相同、表现形式不同的作品带给大众的美的感受也是完全不同的，即功能是唯一的，而形式是多样的。表现形式的多样性与设计师的个人理念、兴趣爱好有关。同样都是为了实现"坐"这一功能，但是椅子的种类有几万种之多：塑料的、竹子的、铁艺的、玻璃的、方形的、圆形的，可谓应有尽有。不同材质、形状的椅子是设计师个人理念的表达。

第二节　当代室内设计中技术美学的表达方式

随着技术美逐渐被越来越多的人熟知，技术美在室内设计中的地位越来越重要，技术美以更新颖的表现形式、更新的材料和工艺被广泛地应用于现代室内设计之中，对现代室内设计风格的多元化发展产生了影响。

一、结构中体现的技术美

现代主义风格热衷对玻璃和钢结构的运用，追求精密、简洁、极度理性化的设计风格。但是，作为这种技术表现的继承者和发展者，20世纪七八十年代，建筑师福斯特、罗杰斯等发展了以结构形式、建筑设备、材料质感、光影塑造为表现内容的美学手法，摒弃了现代主义单一的、教条主义的表现形式。这一时期的技术表现不同于高技派时期的风格，它有机地结合了结构和艺术，用灵活、夸张和多样化的概念激发人们的思维领域，使结构和技术成为高雅的"高技艺术"，不再以反艺术的面目出现。

上海火车南站室内设计具有典型的信息时代技术美学特征，如图6-4所示。50 000 m²的圆形屋顶，外观晶莹剔透，无论在白天还是夜晚，都能成为各个方向的视线焦点。圆形火车站的创意富有个性，形象鲜明，气势磅礴。建筑形态摒弃了所有多余的建筑装饰，采用充分展现结构本身表现力和空间表现力的手法，从而使建筑形象更具生命力与时代感。18组"人"字形钢梁支撑屋盖体系，体现出建筑的力度和美感。

图6-4　上海火车南站室内照片

新型屋面材料、连接精密的钢结构体系、铝合金遮阳系统，通过材料的虚实对比、质感变化和节点处理获得精致的外观效果。整体建筑形象具有极强的视觉冲击力和标志性特征。屋面体系的材料组合使白天室内产生漫射天光的效果，为旅客带来良好的视觉、心理感受和独特的车站空间体验。

今天的建筑不再是充满钢铁力量感、通体遍布铆钉、大量暴露设备管线的机械风格。设计师继承了真实表达金属等材料结构的观念，更多使用了高强玻璃、薄膜纤维、铝合金等轻质高强材料，运用网状、片状及管状等纤细轻薄的物质形态，如北京瑜舍风尚酒店的室内设计采用大量的金属网状结构，展现了现代技术条件下的技术美（图6-5）。节点细部更是精心设计，以表现其力学传递上的美感。或者可以说，现代主义装饰艺术在技术语境下对装饰的解读是利用建筑本身的元素产生本体的装饰美。艺术化的技术表现通过精致的构造设计和精确的施工极力在视觉上达到轻盈、透明、虚幻及充满未来气息的效果。在信息时代，轻盈、精致、柔软、细腻的技术美学取代了以"沉重、体量巨大"为特征的机器美学。

图6-5　北京瑜舍风尚酒店的室内照片

二、材料和工艺中体现的技术美

所谓设计，指的是把一种规划、设想和解决问题的方法通过视觉的方式传达出来的过程。材料是设计实现的物质基础，也是各种设计作品的最终落脚点。如果缺乏材料的支撑，再完美、合理的设计构思都不能实现。因此，无论哪种新材料的出现都会对设计产生影响，材料不仅是体现新技术的载体，还是表现室内设计作品的技术美的重要途径。此外，材料美要通过恰当的工艺才能表现出来。在现代室内设计中，材料与工艺是设计形式的表现要素和视觉传达的重要介质，更是体现设计精髓和情感的核心。对装饰材料和施工工艺的合理运用是现代室内设计的重点。随着装饰材料和工艺种类的增加，使用适当的工艺展现材料的性能和特点进而表现美的特征是现代室内设计主要的表现手法之一。

正确选用合乎目的的装饰材料和工艺有助于室内设计所固有的形式特征的体现。所以，选择适当的工艺，使每种材料物尽其用是做好室内设计的必修课。

因材施法：各种材料有着自身的性能。例如，玻璃、木材、钢材和石材所体现和表达出来的意义就不同。木材让人感觉朴实、天然，石材给人一种厚重、大气的感觉，玻璃有一种现代、清透的感觉，金属则给人以粗犷、现代之感。

因质施材：这里所谓的"质"即内容或功能。要尽量表现室内设计中所要表现的风格，就必须根据具体指定的内容选用与之相符的材料，不能张冠李戴。在室内设计中运用不同的材料，就会有不同的表现效果。例如，如果在中式风格的室内设计中大量运用现代材料、金属材料，势必会破坏其功能和形式的美。因此，因质施材也是表现技术美的基本原则，我们在运用这些材料之前，必须知道其性质。

三、形式美中体现的技术美

室内设计是以形式美为法则，将艺术形式与技术相结合的综合体。形式美是指对象形式要素的组合形态自身所具有的审美价值。在室内设计中形式美表现在三个方面：适度美、均衡美和韵律美。这些表现形式都是以满足使用者的正常生理、心理需要为目的的。其一，适度美是室内空间设计的要求，室内设计中的适度美有两个中心点：一个是以人的生理适度美感为中心；另一个是以人的心理适度美感为中心。适度美在室内设计的形式美法则的运用中很重要。其二，均衡美在室内设计中所追求的是心理感受上的异形同量，其特点倾向于丰富的变化。其三，韵律美在室内设计中主要是指规律性的重复。韵倾向于变化，律倾向于统一，没有变化就不得其韵，没有统一就不得其律。韵律美是美感体验中心理与生理对室内设计的高级需求，是对室内空间整体设计的综合感观。

四、表面与细部方面体现的技术美

现代的室内设计时尚、简洁，与以往为了装饰而设计的室内设计有了本质上的不同。少了多余的装饰，往往要更加注重细节的设计与表现，以避免给人一种冷漠、空洞的感觉，从而体现室内设计中对人的关怀。所以，表面与细节处理是否得当直接影响着家居空间的使用功能。特别是随着不锈钢、玻璃、塑料等材料在室内装修中的大量应用，更需要研究这些材料在细节上的处理。例如，地面铺满了经过防滑处理的不锈钢金属板，与表面光滑的不锈钢材质形成对比，展现了特殊的肌理美（图6-6）。以功能为主的室内设计造型简单，摒弃了繁缛的设计，为了避免造成视觉上的空洞，丰富视觉体验，唯有强调细节。只有将细节做到精致，才能满足人们视觉上的需求，从而使人感到心情愉悦。所以，怎么将细节做到精致、完美、实用，已成为室内设计中重要的一环。

图 6-6　不锈钢金属板

综上所述，技术已融入室内设计的每一个环节，成为表现室内设计之美的一个重要因素。如果说建筑是充满理性和感性的艺术，那么技术则是一把具有启发性的钥匙，随着时代和经济的发展，不断启发人们从不同角度审视室内设计艺术。尤其是在多种风格共生、多种文化并存的时代，设计师更应当努力将技术与设计因素结合起来，在不断追求设计自身的丰富表现力的同时，继续丰富设计表达语言。技术美学并没有为现代设计提供具体的设计方式和方法，而是给出了解决问题的方法，并在理论与实践结合的基础上指出了现代设计应当考虑的相关问题。

第三节　技术美学原理在室内设计中的应用实例分析

根据本课题的研究内容，探讨技术美学在室内设计实例中的应用，旨在将美学理论与室内设计实践相结合并将技术美学的理论内容具体化、实用化，进而指导我们的设计实践活动。基于这个目的，笔者对天喜东方的大堂和西安滚石新天地的设计进行了案例分析，剥离出相关的技术美学原理在其中的具体应用，并从中细化相关的技术美学要素。

一、以"天喜东方的大堂"设计为例

天喜东方位于惠州大亚湾的中心区，距离惠深沿海高速大亚湾澳头出口约1 km。大堂方案的构思源于大堂本身所处地域的文化和甲方的营销策略，其设计定位决定了这个会所大堂的空间氛围，如图 6-7 所示。首先，以东方思想为基础，创造人与自然和谐统一的空间；其次，用现代技术手法诠释其地域特征，演绎山

海文化；最后，在施工方法上采用绿色施工，摒弃了传统的制作工艺，以结构节点连接所有形体，缩短工期和减少施工中的污染，创造环保空间。现就技术美在其中的体现进行分析。

图6-7　天喜东方的大堂

（一）新材料和工艺中体现技术美

天喜东方大堂的装饰材料以生态木、金属连接件和石材为主。生态木是近期出现的一种高新技术材料，是用木质纤维、树脂以及少量高分子材料挤压而成的，其物理表观性能具有实木的特性。天喜东方大堂根据设计或实际需要，提前在工厂对生态木的颜色、尺寸、形状进行了预制，真正实现了按需定制，最大限度地减少了施工程序、降低了施工成本，即实现了施工过程中的低污染、低消耗，将低碳进行到底（图6-8）。此外，生态木由木质纤维和树脂挤压而成，可回收重复使用，是真正可持续发展的新型建材。由于该产品的主要成分是木、碎木和渣木，所以与实木一样，能够承受钉、钻、磨、锯、刨、漆，不易变形、龟裂。独特的生产过程和技术能够使原料的损耗量降低到零。生态木不但具有突出的环保功能，可以循环利用，而且能有效地除去天然木材的自然缺陷，同时具有防水、防火、防腐、防白蚁的功能。除去特殊的功能性，生态木也展现了高科技语境下的材质美。

图6-8 天喜东方的大堂局部

在大堂墙壁的表面处理上，使用配比为1:2的灰水泥和白水泥，先做灰色的水泥基层，再把草叶模板图案固定在墙壁之上，直接用白水泥于墙面进行了20 mm的制作处理，干后墙体表面形成了自然的图案纹理，以还原一种材料的真实自然性，形成特殊的肌理效果，这展现了高科技语境下技术美中的材质美。在柱体表面的处理上，运用工艺技法制作出草叶的纹理效果，这展现了高科技条件下技术美中的工艺美。

（二）形式中体现技术美

天喜大堂的空间造型源自一个有机的形态：海水礁石腐蚀所留下的洞岩痕迹。一排排的木格栅被分组用钢架结构安装在墙面和顶面，韵律感十足的波浪形木质格栅形态的有机体量覆盖整个空间，色彩上以实木色为主。在此案例中，没有华丽的修饰和多余的附加物，以少即是多的原则，把室内装饰减少到最少。简洁是当今十分流行的设计趋势，也是室内设计中特别值得提倡的手法之一，是室内设计在当今低碳生活概念影响下的必然发展趋势。

"自然、宁静、律动、简洁、地域"是设计师所表达的空间意象。自然是对我国传统文化"天人合一"思想的传承；宁静是一种心态，是一种境界；律动是当地处于海边这一地理特征所赋予设计的一种水纹状的起伏形态，也是平静中的一种律动和喜悦；简洁是当今室内设计的主流趋势；地域是表达传统文化和现代设计文化内涵的重要部分。大堂的设计在整体上以仿自然形式为主，洞穴、海浪、草叶等有机形态在设计中有充分体现，体现了我国人与自然和谐共处的传统文化思想以及用现代技术诠释传统文化的内涵。在墙面的处理上，以"草叶"这个有机形态为主要装饰元素。草叶纹理大都隐藏在生态木做成的木格栅之下，同时曲面的木质结构附在表面，使图案半隐半现，朦朦胧胧。之所以运用具有律动感的曲面墙体格栅，是因为这样做除了能体现其文化底蕴外，还能很好地解决原有土建的管道和结构造成的问题。设计师用复杂的草叶形态隐喻周围茂密的草木地理文脉关系，同时与东方哲学文化内涵相呼应，暗喻一种内敛的生活方式，暗指简单、从容、淡定的生活态度，哲学思想均隐含在一草一叶中。

（三）结构中体现技术美

天喜大堂的设计在结构方面也独树一帜，在施工中力求将污染降到最低，摒弃黏合剂的使用，形体之间全部以结构节点方式进行连接。也可以说这种设计是回归绿色施工的一种室内空间探索。如图 6-9 所示，韵律感十足的木格栅之间用金属的连接件组装固定，这是对新的施工工艺的探索。此方法与现在普遍使用的施工方法相比有了很大的突破，是实现绿色施工的途径之一。

图 6-9　天喜大堂韵律感十足的木格栅

另外，银灰色的金属钢架的冷色系与生态木的暖色系在颜色上形成对比；横向安装的金属钢架整齐贯穿于竖向安装的生态木格栅之中，形成了形态上的对比，展现了高科技条件下的结构美。

总之，无论在材料的选择上还是在施工方式的选用上，此案都做到了以环保为己任，尊重自然，尊重材料的真实性，深度还原了原始建筑空间。在文化方面，尊重历史和地域文化，以当地海洋文化为背景创造空间的独特气质，这是用现代技术手法重新阐释东方文化的一种现代设计探索；在环保方面，使用高新技术材料生态木，利用结构节点连接的施工方法，而不使用实木和黏合剂，在保护森林的同时降低了有害物质的排放，将"低碳"进行到底。

二、以"西安滚石新天地"的设计为例

西安滚石新天地是由著名设计大师谢英凯主持设计的，整体空间以解构主义为设计理念，完美诠释了音乐与建筑糅合的最高境界，并以此荣获亚洲未来空间大奖。空间以璀璨奢华的色调流畅地勾勒出炫目的金色殿堂。

空间设计是美学与功能的结合，如果设计思想脱离使用功能而单纯追求形式美，设计就成了空架子，不具备实用性；如果缺乏审美，仅有使用功能，作品就无法满足人们的精神需求。只有将功能性和审美性结合起来，不断发掘空间实用性和受众的审美需求，设计才能臻于完美。

（一）材料中体现技术美

此案例在材料的选用上以灰茶镜、科技木纹防火板、复合木地板、进口柠檬石、英国棕石、工艺树脂板为主；在色彩上以金黄色为主，为空间营造出一种奢华的贵族气质。

在灯光的作用下柠檬石熠熠生辉，与透明的玻璃护栏交相辉映，纤细的不锈钢金属扶手与其形成对比，展现了高科技条件下的材质美。如图6-10所示，西安滚石新天地的设计中科技木纹防火板被大量使用，与玻璃、金属、石材形成色彩上的对比，既具有防火功能又具有特殊的材质美感。

图6-10　西安滚石新天地

（二）形式中体现技术美

在这个案例中，设计师打破常规做法，将自然形态带入空间中，在造型上多以不规则的三角形为主，把地面和墙面作为造型的重点。设计师用解构的手法将河流山川的有机形态带入空间中，利用不规则的块面表现空间质感，利用线条和形体表现空间的张力与结构，在充分满足使用功能的前提下提升空间的审美价值。

KTV入口处不规则的木质形体随意地组合在一起，此起彼伏，构成了优美、流畅的线条，表达了丰富的空间内涵（图6-11）。利用新材料和工艺手法打造异形的空间形态，表达了现代经济条件下人们对形式美的追求，也展现了室内空间形式中的技术美。KTV的包厢的墙面由不规则的三角形构成，展现了高科技条件下的形式美（图6-12）。KTV的自助餐区的镜面吊顶与木格栅吊顶互为补充，在材质、色彩上形成对比（图6-13）。异形的自助餐台模仿山体蜿蜒起伏的形态，在现代的多功能照明系统的照射下表现出石头一样的质感。昏黄的灯光、繁乱的倒影使空间具有迷幻、奇异的空间感，展现了材质、形体表现方面的技术美。

图6-11　西安滚石新天地入口处

图6-12　西安滚石新天地包厢实景

图6-13　西安滚石新天地自助餐区

（三）结构中体现技术美

看过西安滚石新天地设计的人都会被那种粗糙而真实的质感震撼。设计师在研究如何使用线条与立体造型表现形体结构的同时，探索着自然的奥秘。那些富有创意的形象、优美和谐的点线与起伏多变的自然面块和谐呼应，构成了优美、流畅的视觉交响。

在 KTV 的走廊通道中，金属框架与磨砂玻璃被设计成拱形，外层辅以不规则的木格栅形体。玻璃中透出的灯光与不规则的墙面、通透的外立面交错在一起，仿佛形成了一个时光交错的时光隧道，诉说着古老的故事（图6-14）。

图6-14　西安滚石新天地走廊通道

本章通过对室内设计实例的分析，探讨了技术美在装饰材料、结构、形式上的独特体现以及技术美在节能环保方面所做的努力，如使用新型材料和新的工艺等。同时，将技术美学相关的理论在设计实践中的应用进行了更加具体化、实用化的阐述，以指导我们实际的室内设计活动。此外，本章指出现代室内设计在实现功能性的同时展现技术美，并对我们的视觉产生刺激，从而形成一种外化的视觉美。这表明技术美对室内设计的影响越来越大，因此我们应当重视室内设计中技术美的表现。

第七章 当代室内设计中技术美学的发展趋势

第一节 技术美在当代室内设计应用中存在的问题

现代社会中，室内设计对技术含量的要求越来越高，由于其更加注重人在建筑中的生理和心理感受，所以在运用技术表现手法时，唯有将其与传统文化、地域特征以及自然和生态的内容有机结合，技术表现才会不断发展和进步。目前，国际上工艺先进国家的室内设计正在向高技术、高情感方向发展，这两者相结合，既重视高端技术，又强调人情味。在艺术风格上追求变化，新手法、新理论层出不穷，呈现出五彩缤纷的局面。

技术美学对室内设计发展的影响越来越大，促进了室内设计独特审美体系的形成。但技术美学发展至今，在室内设计中仍显得过分呆板、生硬和机械，特别是在具体的设计实践中出现了许多不足和缺陷。通过前文的分析和实地调研，笔者发现在当代室内设计中技术的应用主要存在以下不足。

一、技术美中缺乏人性化问题

技术美学可以说是起源于人们对工业生产中机器生产非人性化的反思。由于当时大量机器投入生产，手工劳动被取代。在某些行业中，虽然降低了人的体力消耗，提高了生产效率，但在生产过程中工人又不得不服从机器运动的要求，在一定程度上，人成了机器的奴隶。工场手工劳动时代工艺操作的艺术性让位于科学和技术，标准化、规模化的生产抹杀了产品的个性。这一切都有着人被异化的色彩。技术美学的出现正是为了缓解这一情况，抑制生产中、设计中的非人性化因素，使设计成为符合人心理和生理要求的优秀作品。

在室内设计中功能美是一个重要因素，但只具有功能美而不能满足人的审美需求的作品是不成功的。当代室内设计既要考虑设计对象的功能性，又要考虑审美性，通常功能性是物质的，审美性是精神的，工业设计要在侧重设计产品功能的同时重视其造型美。产品的功能决定了产品的形式，同样产品的形式为产品的功能服务。但是在当代室内设计中技术美学提倡功能美，把使用功能是否实现当作判断设计成败的唯一标准，许多设计作品片面地追求功能性，缺乏对使用者审美心理的关怀。室内设计作品的技术表现之美是由其功能决定的，如果仅仅注重技术本身而忽视功能美，只会使技术美变得空洞，甚至成为一种肤浅的技术炫耀；如果把功能美作为设计唯一的目标，就会在材料选用、形式表现方面缺乏对使用者的心理、安全方面的考虑，失去人性化关怀的设计作品也不能成为佳作。

当代室内设计作品中的技术表现缺乏人性化关怀的原因主要有这几方面：强调空间中整体形态的技术表现特征，缺乏对人的精神需求的关注；设计缺乏与文脉的关联，忽视室内环境中人文特征的表达，使室内设计出现"冰冷"的形象，导致室内空间出现艺术单一化问题，与当代社会技术美学的多元化、人性化的特征相悖；技术表现创作理念仅定位于表现科学技术范畴，这将会导致技术表现手法的匮乏。所以，设计师要明确设计的目的是为人服务，而不是表达技术。技术美表现只是一种设计表现手法，而不是最终目的，未来社会技术的发展趋势是与人和谐发展，人类的生活不应缺乏人性关怀或被技术理性驾驭。

二、技术美中膜拜技术问题

当代社会中技术美的表现与以往的"暴露建筑结构、通风管道、突出铆钉"等粗犷的高技派表现手法不同，其主要体现在精巧的结构、精致的节点设计、准确细致的施工、精确的受力支撑结构、合理利用材料的物理特性等方面，可以说现代技术美的表现更具有逻辑性、合理性。

但技术美学在当代设计应用中存在对技术的膜拜、过分重视工业化特征、强调艺术性而非理性等问题。某些设计师为制造某些"高技术"特征，在作品中添加许多不必要的装饰构件、夸张建筑结构和节点的设计，使设计作品成了展现技术美的载体，缺乏对整体设计经济性因素的考虑和对环境的关怀，亦不符合当代社会对于"低碳生活"的追求。

三、技术美中机械化问题

技术美对现代技术的追捧，表现在盲目追求技术在形式上的效果，并提出"形式追随功能"的思想，这种思想的出现使设计作品呈现出几何化、科技化、机械化等特点，同时设计作品暴露出过于机械、冷漠的缺点。室内环境是为"人"

服务的，所以设计应充分体现人的价值特征，以人为设计的主体，研究人类不断变化和发展的生理和心理特点，努力寻求与之相适应的环境结构形态。如果对室内环境问题进行研究，就必须要研究人的生活感悟、习惯、感觉、知觉、智能、生活活动规律以及人对于室内环境的各种反应等。

如何避免技术美学在室内设计中出现以上问题？首先，要做到合理运用新技术，不盲目崇拜；其次，要以满足人们生活需求为宗旨，使新技术为人类提供更好的服务；再次，在室内设计中满足人们的生理、心理和情感需要，体现人性化关怀；最后，室内环境中运用技术化的形态语言表现中国传统文化。

虽然中国对技术的运用水平与国际水准相比仍有很大差距，突出技术表现的创作还显得相对粗糙和肤浅，但是我们要看到创作意识方面已经有了明显的进步。有相当一部分设计师主动选择技术表现的创作方式，选择我们有劣势的技术环节脚踏实地地探索及创新。现代西方技术表现的创作中有高度工业化和制造业的支持，随着中国经济的强大和工业水平的提高，中国设计师应该有信心、有能力设计出具有中国本土化特征的技术表现精品。

第二节　当代室内设计中技术美学的人性化趋势

进入 21 世纪，世界经济发展迅速，但环境问题日益突出。"节能减排"不只是一句当今社会的流行语，它是关系到全人类未来的战略选择。在室内设计思想中加入"节能减排"的环保意识，对现有的施工方式、传统材料进行改革，一起为减少全球温室气体（主要为二氧化碳）排放而努力，是人性化的必然选择。"低碳生活"节能环保，有利于减缓全球气候变暖和环境恶化的速度，势在必行。在这种社会经济的大背景下，室内设计的审美层次从单一的形式美转化到文化意识层面，设计师更重视对艺术风格、文化特色和美学价值的追求以及意境的创造。所以，当代室内在践行低碳主义的同时，要强调人本主义精神。

一、室内设计中的低碳主义

面对日益严峻的环境问题，室内设计应该何去何从？应该如何处理设计与环境之间的矛盾呢？"可持续发展""绿色环保"的设计方针早已被提上日程，这也是全世界室内设计发展的必然趋势。而当今室内设计面临的更严峻的挑战应该是"低碳设计"。在现代室内环境设计和创造中，设计者不能盲目追求美观而不顾环境问题，而是要树立节能、减排的意识，充分节约与利用空间，力求做到低能量、低消耗、低开支的低碳设计，以及追求人与环境、人工环境与自然环境相协调的目标。既要考虑发展有更新可变的一面，又要考虑发展在能源、环境、土地、生态等方面的可持续性。总之，就是在进行室内设计的同时应充分考虑其今后的可变性与无污染性，这样就为今后的再设计打下了良好的基础，既可节约能源材料，又可适应不断变化的社会及人的需求。

室内设计中低碳主义不是偶然产生的，就像"装饰主义"和"现代主义"一样，都有其产生的历史必然性。它产生的原因有以下两点，一是经济原因。经济的飞速发展，人们物质生活水平的提高是"低碳主义"产生的物质基础。科技进步，各国综合国力都有了极大的提高，人们的生活也有了很大改善，但环境变得日益恶劣。"低碳主义"为人们树立了健康的审美观，保护生态环境，节能减排是"低碳主义"的必然要求。二是节约能源的要求。从节约能源的角度来看，"低碳主义"的产生也有必然性。人类在钢筋水泥的包围中吞咽着自己亲手酿造的苦果，也在不断的反思。现在许多城市中，草地早已成为只供观赏的艺术品。虽然我们国家地大物博，物产丰富，但是人口总量大，人均资源拥有量低。而"低碳设计"不但要求选择高科技环保型的建材，而且在节约土地资源、能源、防水、隔热、隔音和抗震等方面效果明显，建设费用也很低。"低碳设计"在设施的配置与使用上与传统方式有很大不同，可以提高绿色能源的利用率，如太阳能、热能、风能等自然资源，这种设计不仅可以减少能源的消耗，还有清洁、卫生、安全的等优点。

可以说"低碳设计"作为一种全新的设计理念，对室内设计的发展起到了重要的促进作用。因此，设计师应积极面对这一挑战，抓住机会，以"低碳"为准则，不断努力创造一些新的"节能"手法。同时，低碳主义需要我们长期坚定不移地践行，这样我们的环境才能得到更好的保护和改善。

在现代的室内设计中要做到以保护环境为己任，就必须在整个设计过程中贯穿低碳的意识，笔者认为在室内设计中要达到这一目的要注意以下几点：第一，在空间布局上充分考虑通风、采光、气候等因素，充分利用自然能源在室内的保暖、降温等方面的作用，以降低对非可再生能源的消耗；第二，选材上要尽量选择绿色无污染可回收的高科技建材，减少木材的消耗的同时不对人体的健康造成危害，如生态木；第三，工艺方面要尽量采用低耗能、低排放、低污染的环保方式，如结构连接取代传统的连接方式；第四，在室内应摆设一些绿色植物，如绿萝、天竺葵等，既能美化环境，又能净化空气。

例如，深圳某设计公司为了保护环境，减少材料的消耗和降低在施工过程中产生的污染，在处理顶部空间时没有采用传统的吊顶方式，而采用PVC管的结构吊顶，管与管之间用连接件连接，用金属线悬挂于顶面之下。无论是用材上还是工艺上都体现了低碳环保的特点。地面的处理也别具特色，用废弃的枕木做成独具艺术特色的肌理效果。虽然选择的材料都是一些低廉甚至废弃的材料，施工方面更是简化到了极致，但是却营造出一种非常温馨的艺术氛围。

二、室内设计中的人本主义

建筑的服务对象永远是人，同时人也是建筑的设计者、建造者、使用者。正如陆吉尔先生所说："建筑的起源是由于人类无法忍受树林中的潮湿、洞穴中的黑暗，而决心用自己的才能来弥补自然的粗心，于是用树枝与树叶做成了能遮蔽风雨的最初的房子。"在现代社会中，建筑变得越来越复杂、功能也越来越多，但建筑为人服务的性质是不会变的。如何在当今的社会中做好人性化设计，是我们的重要议题。

墨子曾说："衣必常暖，而后求丽；居必常安，而后求乐。"随着社会的进步，科技的飞速发展，室内空间不单单是为人们挡风避雨的空间，而是设计师以现代设计理论为依托，运用现代技术、新工艺、新材料精心设计的具有艺术性、舒适性、科学性的人性化的使用空间。在当今社会的大环境下，人们开始创造具有人文气息的居住空间，追求意境的创造。所以，"人性化"室内设计要以满足人们的情感生活和精神层次的需要为目标，以现代技术手法为依托，创造出具有美学价值的室内设计作品。

装饰设计重新成为表达人文特征的手段。设计师在大自然中获得灵感，然后通过技术表现手法付诸实践，即借助高新技术，使用新型材料，重塑自然及地域文化，从而达到技术化的自然。可以说技术表现手法完全能在室内环境中创造第二自然空间，即表现一种再造、抽象、凝固的自然。

无论是哪种装饰形式都应做到以人为本，如果把技术表现作为室内设计的唯一目标，则不可避免地会导致空间乏味。为了避免这一情况，就要有人文关怀的体现。无论是拥有几千年深厚文化底蕴的中国传统文化，还是自然环境的有机生命形态，都极易在人类潜意识中引起共鸣。作为设计师应努力发现各类具有装饰特征的元素，丰富装饰语言并带给人多种意义的精神享受。技术表现手法并不是单一的，只要把握住适度原则，任何一种设计风格都是一种有益的补充。最后，技术美要充分考虑材料的环保性因素和结构上的合理性以体现"低碳设计"的理念，促进人与自然的和谐发展。

第三节　当代室内设计中技术美学与传统文化的共生趋势

通过对室内设计发展史的研读，我们可以了解到室内设计的进步与历史的发展紧密相连，所以要想真正地了解设计发展的真谛、抓住设计发展的命脉就必须了解历史。此外，室内设计作为一门综合性的设计学问，涉及多方面的艺术形式，所以多了解其他类型的艺术知识有助于激发设计灵感和创作热情。

在现代社会中，传统文化越来越受到人们的重视，传统图案、传统色彩、传统手工艺再一次以新的表现形式出现在人们的生活中。运用新技术表现的手法再现传统文化，将东方元素表现得淋漓尽致。在对中国传统建筑文化充分理解的基础上，将中式语言提炼、简化并以现代手法诠释，注入中式的风雅意境，充分展现了现代人对传统人文、自然的追求和热爱。这是设计师对于现代中式风格的追求与探索，以现代技术呈现传统文化的努力与尝试。"作为一个现代人，我相信古典建筑语言仍然具有持久的生命力，我相信古典主义可以很好地协调地方特色与从不同人群中获得的雄伟、高贵和持久的价值之间的关系。古典主义语法、句法和词汇的永久的生命力揭示的正是这种作为有序的、易解的和共享的空间的建筑的最基本意义。"这是著名建筑家斯特恩所说，他认为学习传统文化和过往历史的目的是寻求到一条富有涵盖力的设计之路。

现代中式的室内设计案例以现代的装饰作为主线，配以含有中式元素的家具、摆件和配饰，营造出舒适、温馨的生活气息，烘托出高贵典雅而又宁静的气氛，舒适中凸显独特的设计品位。以现代技术表现的手法再现传统文化内涵是我们现代设计追求的主题，同时也是中国本土化技术表现创作尝试的良好开端，如传统中式色彩的元素、万字格图案都能彰显出细腻的中国传统工艺。在室内装修中，人们将书法作品以镂空雕刻的手法刻在金属板上，并辅以灯光，使字体具有立体感，再将山水画印制在金箔上，以达到"标新立异"的效果，这个方法可以说是对传统的形态用新型材料的再创造。设计师们试图通过局部技术表现，用新的形式对中国传统文化艺术进行阐释。这里的技术表现完全成为创作的积极手段，体现了人文精神是我们创作的目标，也是创作的归宿。

将传统文化应用于现代设计绝不是简单的照搬，更不是简单的中式元素的堆砌。好的设计应该是从中国传统文化中寻找灵感，经过现代设计思想与施工工艺的加工后，形成符合现代生活方式的造型。要做好此类设计，笔者认为设计师应具备良好的文化修养和品位，应该是一位有思想的创作者，可以从古代中式建筑、园林等文化中吸取精髓；要摒弃中式元素中不合理的赘余，追求造型比例和精细的做工，使设计作品具有简洁、厚重、时尚的现代气质，可以说是"亦古亦今"。

一、异质同构：现代技术与传统文化的共生

现在，人们的生活质量提高了，如果不注重高度民族化而只强调高度现代化，只会让人感觉到丢失了传统、丢失了过去。因此，现代室内设计的发展趋势应该是现代化和传统文化的和谐发展、共同进步。一些现代的环境设计作品就充分体现了高度现代化与高度民族化的结合，同时反映了设计人员在继承和发扬传统文化方面做出的努力。

现代社会较之古代，无论是生活方式还是生活品质方面都发生了巨大的改变，人们的审美和需求也发生了巨大变化。新材料、新技术的出现对设计的影响很大，复制传统实不可取。1945年，丹麦著名的家具设计师汉斯·瓦格纳设计了一把"中式椅"，吸取了明代中式家具的精髓。他尝试用各种材料表现设计，但木材是他的最爱。可以说，汉斯的中式椅是用新材料演绎中国传统家具文化的成功案例。

美籍华人贝聿铭先生设计的苏州博物馆灵感来源于传统园林风景设计，贝老将其精髓不断挖掘提炼并形成独具特色的现代中式园林建筑。尽管白色粉墙将成为博物馆新馆的主色调，以此把该建筑与苏州传统的城市肌理融合在一起。但是，为了追求更好的统一色彩和纹理，灰色的花岗岩取代了那些千篇一律、随处可见的灰色小青瓦坡顶和窗框。苏州传统的坡顶景观——飞檐翘角与细致入微的建筑细部是博物馆屋顶设计的灵感来源。然而，被重新诠释的新屋顶已演变成一种新的几何效果。由于玻璃屋顶将与石屋顶交相辉映，自然光射进活动区域和博物馆的展区给参观人员提供了导向并使人感到心旷神怡。玻璃屋顶和石屋顶的构造系统也源于传统的屋面系统，开过去的木梁和木椽构架系统将被现代的开放式钢结构、木作和涂料组成的顶棚系统所取代。在玻璃屋顶之下广泛使用怀旧的木作构架和金属遮阳片，以便过滤和控制进入展区的太阳光线。可以说，苏州博物馆是现代技术与传统文化的完美结合，整体风格既现代又不失传统，材料、工艺高度现代化的空间处理及细部装饰处处引人入胜。无论人们身处于博物馆的哪一个空间都能感受到设计者的精心安排。

通过以上的分析，我们可以看出，传统的构建方法和材料已不适合现代的生产方式，做好传统向现代转化的工作是人们的必经之路。建筑材料逐渐向高科技含量和多样化的方向发展，这是影响传统文化现代表达的重要因素之一，如何用高新技术材料诠释传统的建筑形式是设计研究中最重要的课题，也是技术美表现的重点内容。如果设计师想要用现代的材料工艺表达传统文化的精神内涵，就必

须要了解中国的传统文化。我国的传统古建筑与室内装饰经过了数千年的风风雨雨,仍有一部分被完整地保存了下来,如北京的四合院、福建的土楼、安徽的徽居、云南的竹楼等,其价值早已得到了世界的认可。这些古建筑足以说明古人有许多宝贵的经验值得我们学习。

在中华民族几千年的文明史中,不同时期、不同地域也都形成了具有代表性的各具特色的室内风格。先秦、春秋、唐宋在建筑内部空间的布局以及陈设等方面都有各自的特色,在近代尤以明清时期为最。明清时期的建筑在室内布局和装饰方面取得了很高的成就,至今有一些陈设家具仍被国人所推崇,其在艺术上的成就取得了世界的公认。中华儿女对中国的传统文化都有着浓厚的兴趣,而加强对传统文化的学习和发扬是我们的义务和责任。只有以博大精深的传统文化为根基,以现代技术手段为依托,我国的室内设计才能发展得更快、更好。

图7-1为北京阿曼酒店的室内图片,房内明式风格的家具、回纹装饰纹样的屏风、缎面的绣花抱枕都展现了中式的传统文化;明亮的大玻璃镶嵌在有古典特征的窗框中既现代又时尚。这些是设计师将传统文化用现代技术运用于室内设计的成功案例。

（a）　　　　　　　　　　　　　　（b）

图7-1　北京阿曼酒店的室内

二、人文追求:现代技术与地域文化的共生

地域文化是人类在漫长的历史生活中,不断与所处的自然环境相通而形成的,所以不同的地理位置因自然环境的不同而形成一种不同的地域文化,并且每一种地域文化的形成又必然产生与地理环境相符的群体性特殊文化审美心理,因此便在艺术传统中写下了独特的密码。有学者曾讲过:"某一地域文化的民族心理特征、艺术遗产、美学精神等,呼应着特定的地域环境,对于每一时代的文艺家与审美接受群体的文化审美心理结构产生着共塑作用。"地域文化是每个不同地区特有的风土人情,无论是生活习俗、建筑风格,还是语言习惯都有其特殊性。当然,随

着人类社会的不断发展变化，地域性文化是不可能一成不变的，它同样也具有时代性。

在现代技术条件下，如何在室内设计中表达地域文化是一项新课题。现代室内设计的发展趋势是对人文的追求。人文追求就是指从某一地域文化中获取灵感，借鉴某种乡土风格，达到延续传统文化的目的。技术的表现手法是将传统的地域人文思想形态化，使物质空间的表现形式具有一种强调民族地域的人文气质。具有地域特性的文化场所是设计师在技术表现上将人文与技术有机统一，是在具体的形态表达上吸收并重构地域文化和某些人文意境，从而产生几何化与非几何化的空间要素，使空间布局呈现层次感。

技术表现将不再是纯结构逻辑的空间设计，而是被反映丰富情感内涵和具有象征意义的设计手法取代；技术表现重新关注木、砖、石、织物、藤麻等传统材料，并使之高科技化。由于这些传统材料具有映射历史和文化的含义，并具有结合高新加工技术产生新的形态。图7-2为深圳湘西情餐馆的实景照片，古朴的墙面基色、大幅的蜡染花纹以墙体彩绘的形式出现，设计师用现代技术手法表现了湘西的传统图案，营造了一个新奇梦幻的湘西故乡的意境。

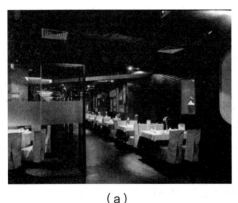

（a）　　　　　　　　　　　　　　（b）

图7-2　深圳湘西情餐馆实景

在现代室内设计中技术表现具有生态象征意义，加入传统的文化艺术内涵增加其技术表现中科技以外的成分，从而达到诗的意境。技术与艺术的结合是室内空间设计长期探索的结果，技术表现的最高境界是诗化的技术表现。信息时代的到来，建筑表现中加入了各边缘学科的因素，那种单一、枯燥的技术美将被淘汰，取而代之的是一种内敛的、高层次的、设计研究的、隐性的科学技术美，以人、客观世界和科学技术的完美结合为审美价值标准，原本相对独立的人文与技术在客观标准上将实现统一。

第四节　技术美在现代室内设计表现中的原则

随着社会的进步、科技的发展，人们对室内环境的深入理解以及对室内环境艺术的进一步了解，使人们对室内设计的认识产生了一系列的变化。每一种室内设计风格均是在不同时代背景下，根据地域特质经过设计构思而逐渐形成新的具有代表性的室内设计表现形式。技术美表现是室内设计中又一新的设计手法和思维表达方式，是科技进步下室内设计领域创新和发展的结果。从发展现状和发展趋势来看，技术美表现需遵循四个设计原则。

一、技术美表现的"适度"原则

室内环境的"适度"不仅包含人的生理、心理的适度，还涉及灯光、材质、结构、色彩、肌理等几个方面。可以说适度是一种严谨的美，在室内环境的形式美法则中占据着重要的地位。"度"是一件事物从量变发展到质变的中间值，"度"在技术表现上，应该是技术美学形态与其他形态之间的比重或分量关系，技术美表现通常是空间形态、界面形态以及细部形态，以抽象表现为主的大量的点、线、面等形态要素本身都具有复杂性、多样性和陌生性等特点。在室内环境中保留适当的空白是美的要求。这里的"空白"指的是非技术表现形态，它的作用是以适度"空白"更好地使技术表现形态展现最大限度的视觉效果，就像一幅好的画作不应满纸浓墨重彩而要有适当的留白一样。同样，"度"的问题也存在于设计对象的细部之中，技术美表现追求构件的复杂构造节点，将一个受力体系分解为若干支系，故意增加受力构件，使其截面最小化，在带来精美、纤细的技术美感的同时，一定要有限度，如果技术美表现过于复杂，其带来的视觉感受将超过人的精神承受力，所以作为一名有经验的设计师应该知道如何达到这种平衡。

二、技术美表现的创作"个性化"原则

技术美表现的创作出发点应该是突出个性因素，技术美表现应强调多元化和个性化发展。当今采用技术美表现设计手法的建筑创作中不乏个性突出的优异作品，它们不但注重技术美表现普遍的创作模式，而且更加注重展现设计师的个性特征。例如，贝聿铭先生设计的日本美秀美术馆（图7-3、图7-4）时运用了技术美表现手法，屋面全部采用钢结构，节点全部经过精心推敲并确定下来，坡顶形

式的玻璃屋面灵感来自于传统的日式木结构屋顶，现代化的钢构架让人联想到传统屋架结构。显然，该美术馆的技术表现是利用现代技术对传统文化的阐释，是一次现代与传统对话。因此，在对技术美表现作品评价时，个性因素是必不可少的。技术表现的创作只有建立在个性化原则之上，才能达到创新的目的。

图7-3　贝聿铭先生设计的日本美秀美术馆外景

图7-4　贝聿铭先生设计的日本美秀美术馆内景

三、技术美表现的创作"人性化"原则

"人性化"原则应作为技术美表现创作的出发点。室内环境是为"人"服务的，所以设计应充分体现人的价值特征，以人为设计的主体，研究人们不断变化和发展的生理和心理需求，努力寻求与之相适应的环境结构形态。如果对室内环境问题进行研究，就要研究人的多种生活感悟、人的习惯、感觉、知觉、智能以及各种生活活动规律、人对于室内环境的各种反应等。

四、装修上的"经济性"原则

"技术美学的主要特点在于它重视艺术构思过程的逻辑性，注意形式生成的依据和合理性，追求建造上的经济性以及建筑形式和风格的普遍适应性。"这是彭一刚教授在他的《建筑空间组合论》中提出的。技术美学反对过多的无用装饰，以功能为主，甚至把工业产品等同于建筑。技术美学是以功利的态度判断建筑的价值的，甚至宣称建筑的基本目的为"适用"。

参考文献

[1] 汪洋泉 . 技术美学论 [J]. 桂林电子工业学院学报 , 2000（4）: 122–126.

[2] 朱广宇 , 谷林 . 设计构成 [M]. 南京 : 南京大学出版社 , 2011.

[3] 牛宏宝 . 西方现代美学 [M]. 上海 : 上海人民出版社 , 2002.

[4] 章利国 . 现代设计美学 [M]. 郑州 : 河南美术出版社 , 1999.

[5] 贾玉铭 . 实用审美解析 [M]. 成都 : 四川大学出版社 . 2006.

[6] 金易 , 夏芒 . 实用美学 : 技术美学 [M]. 长春 : 吉林大学出版社 , 1995.

[7] 张相轮 , 武善彩 . 当代技术的人文关怀与审美追求 [J]. 无锡南洋职业技术学院论丛 , 2005（2）: 51–55.

[8] 范劲松 . 现代工业设计中的技术美学问题研究 [J]. 包装工程 , 2004（4）: 107–109.

[9] 诸葛铠 . 图案设计原理 [M]. 南京 : 江苏美术出版社 , 1998.

[10] 凌继尧 . 我国技术美学研究 [J]. 江苏社会科学 , 1996（6）: 93–97.

[11] 张博颖 . 技术美学研究现状及发展趋势 [J]. 天津社会科学 ,1994（6）:63–66.

[12] 王宗兴 . 关于技术美学研究方法论思考 [J]. 渤海大学学报（哲学社会科学版）, 2005（1）: 110–114.

[13] 布鲁诺·赛维 . 现代建筑语言 [M]. 席云平 , 王虹译 . 北京 : 中国建筑工业出版社 , 2005.

[14] 田鹏 . 论室内设计的发展与创新 [J]. 包装世界 , 2007（3）: 79–81.

[15] 叶暄 . 室内装饰到室内设计演变的历史研究 [J]. 广东建材 , 2005（9）: 94–96.

[16] 薛玲雅 . 对室内设计的新论点新看法 [J]. 中国高新技术企业 , 2009（7）: 186–187.

[17] 杨露江 . 建筑中的技术美学 [J]. 四川建筑 , 2003（2）: 10–12.

[18] 江卉 . 基于人文因素的室内设计研究 [J]. 南京工业职业技术学院学报，2006（3）32-33.

[19] 陈晨 . 室内设计中的人性化设计 [J]. 美术大观，2009（4）：109.

[20] 文剑钢 . "人性化"室内设计理论探讨 [J]. 装饰，2006（8）：112-113.

[21] 力书元 . 当代西方建筑美学 [M]. 南京：东南大学出版社，2001.

[22] 曹晖 . 视觉形式的美学研究 [M]. 北京：人民出版社，2009.

[23] 高祥生，韩巍，过伟敏 . 室内设计手册 [M]. 北京：中国建筑工业出版社，2001.

[24] 王受之 . 世界现代设计史 [M]. 北京：中国青年出版社，2002.

[25] 郭泳言 . 室内色彩设计秘诀 [M]. 北京：中国建筑工业出版社，2008.

[26] 王妍，张大勇 . 心理学与接受美学 [M]. 北京：中国电影出版社，2011.

[27] 鲁道夫·阿恩海姆 . 视觉思维：审美直觉心理学 [M]. 滕守尧，译 . 四川：四川人民出版社，1998.

[28] 潘智彪 . 审美心理研究 [M]. 广州：中山大学出版社，2007.

[29] 史密斯·路希·史密斯 . 二十世纪视觉艺术 [M]. 彭萍，译 . 北京：中国人民大学出版社，2007.

[30] 王洪义 . 视觉形式分析——动漫与媒体艺术 [M]. 浙江：浙江大学出版社，2007.

[31] 钱家渝 . 视觉心理学——视觉形式的思维与传播 [M]. 上海：学林出版社，2006.

[32] 王令中 . 艺术效应与视觉心理——艺术视觉心理学 [M]. 北京：人民美术出版社，2011.

[33] 张坚 . 视觉形式的生命 [M]. 杭州：中国美术学院出版社，2004.

[34] 李朝阳 . 室内空间设计 [M]. 北京：中国建筑工业出版社，2011.

[35] 张福昌 . 造型设计基础 [M]. 合肥：合肥工业大学出版社，2011.

[36] 米宝山 . 设计构成 [M]. 北京：机械工业出版社，2011.

[37] 刘汶波 . 色彩与空间关系在室内设计中的应用 [J]. 苏州大学学报（工科版），2008（5）：55-56.

结　语

　　室内设计是运用物质技术手段和建筑美学原理，创造出功能合理、满足人们物质和精神生活需要的室内环境艺术设计活动。但我们对技术与艺术相结合的方式并未形成统一的认识，造成室内设计中盲目应用各种技术或盲目打造各种艺术效果，造成室内空间设计一直停留在炫耀技术或是装饰的奢华上，却与人们的审美标准相去甚远。因此，技术美学的应用是解决技术与艺术之间的矛盾关系问题，使二者能真正地统一起来。

　　现代室内设计中展现出来的技术美，是经过"抽象—实践—抽象"的过程而逐渐发展壮大的。人们对技术美的追求，不只是单纯对技术的膜拜，更是切实追求技术产生的独特的魅力，如技术上的功能美、形式美等，这些"美"都能从室内环境中感知，并通过装饰造型展现出来。技术美是功能与形式的统一，在室内设计中体现在材料、结构与形式的一致性，形式与功能的一致性。因此，现代室内设计在满足实用功能的同时，所含有的技术美也在刺激着我们的视觉和知觉，从而形成一种外化的视觉美。对技术美学在室内设计中的应用研究，不仅可以提高室内设计的美学水准，促进室内设计的审美发展，还有助于人的精神需求与物质需求的恰当结合。为了使技术美学在室内设计中得到更科学、广泛的应用，我们应坚持走人本、低碳、人文主义的发展道路。